150分で理科のきほんが
すっきりわかる

おとな
サイエンス

日本一楽しい！動画の先生
あきとんとん 著

かんき出版

はじめに

はじめましての人も、知っている人も、どうもあきとんとんです！
僕は勉強が苦手な人や嫌いな人に向けて、少しでも勉強に興味を持って楽しく勉強してもらえるような動画をYouTubeやTikTokにあげています。

『おとなサイエンス』を手に取っていただき、ありがとんとんです。
もしかしたらあなたはまだ中学生かもしれません、はたまたタイトルどおりの大人かもしれません。

ひとつ言えるのは、サイエンス、つまりは科学・理科に興味を持ってくれているということですね。
この本は、その興味を最大限に満たし、さらには次のステップへの興味が湧くような本になっていると思います。

本書はサイエンスの疑問・質問に対して、あきとんとんと生徒が会話をしながら解決していくものになっています。
僕がSNSにあげる動画は視聴者さんの質問に答える形式をとることが多いのですが、理由としては、"疑問を持つ" そして "質問をする" という行為は素晴らしいと考えているからです。

ただ、"おとな" になるにつれて "質問をする" という行為がだんだんできなくなるんですよね。理由はさまざまあると思います。
子どものときに「そんなのも分からないの？」みたいなことを言われたり、質問する行為自体が恥ずかしいとどこかで思ってしまったからかもしれません。もしくは、周りに質問に答えてくれる大人がいな

かったからかもしれません。

　質問は誰だってしていいし、意外と学校で習った知識で解決できると思います。

　この本では、「コーヒーに砂糖を溶かしすぎたときは、どうしたらいいの？」みたいな日常で出てきそうな疑問をたくさん集めました。
　お子さんを持つ大人のみなさんは、もしかしたら、そんな疑問を子どもから投げかけられるかもしれません。そんなときにスマートに答えられる"おとな"はすごくかっこいいですよね。

　そして、その疑問を溶解度、再結晶、ろ過など学校のテストで問われる知識で解決します。つまり、学生のみなさんはテスト勉強にもなります。

　「あれ？　気づいたら勉強になってた？」となるよう、楽しさの中に中学・高校理科の知識をたくさん組み込みました。
　大人のみなさんは子どもの頃にした勉強を思い出すきっかけにもなりますし、学生のみなさんは勉強の予習・復習にもなります。
　「学校の勉強って意味あるの？」って思っている人も、この本を読み終わったあとは「めっちゃ意味あんじゃん！」って思うはず。

　最初はどんな疑問から始まるかな？　ぜひ読んでみてください。

あきとんとん

この本の特長

なんで水って燃えないの？

理科に関する身近な疑問を入り口に各項目がスタート！

枯れ葉も木も、人間だって燃えるのに、変ですよね？

人間!? 怖すぎるでしょ！たしかに日本は火葬が一般的だけども……。

対話形式で解説が進むので、読むのが楽しい！知識や用語もするっと頭に入ります。

A 水はすでに「燃えている」から

- （ちょっと怖いけど）面白い質問！ こういう質問ができるってことは、科学のセンスがあるってことだよ。
- ありがとうございます。なんか照れますね。
- 水っていうのは**酸素と水素からできていて、酸素にはものを燃やすはたらきがあるはずなのに、なぜ水は燃えないのか？**……ってことだよね。
- そう！ 水には酸素があるのに！
- 答えは、水はもう燃えているから！ 水は燃えた水素のことなんだ。
- え？ どういうこと？
- ものから火が出て、光を出して激しく燃えることをなんていう？
- 燃焼！
- いいね！ 正解！ 実はこの燃焼が起きているときに、ものは酸素と結びついているんだ。酸素が結びつく勢いが強いから光や熱が出ているってこと。
- そうなんですね！

- 水素にマッチ棒を近づけると、ポンッと音を立てて燃えるよね。その反応はこんな感じ。

$$水素 + 酸素 → 水$$
$$2H_2 + O_2 → 2H_2O$$

- 化学反応式！
- 水素に火を近づけると、熱と光を出して激しく酸素と結びつくからあんな音が出てるんだってわかるね！
- なるほど……！
- そして、この反応は燃焼って考えられるよね。だから、**水はそもそも燃えたあとだから、燃えない**ってわかる！
- そういうことか！
- ちなみにものがゆっくり酸素と結びつくときもあって、まとめて**酸化**と呼ぶよ。酸化によってできた物質は**酸化物**だ。酸化鉄とか酸化銅が代表例だね。逆に**酸化物から酸素を奪う反応を還元**っていうんだ。
- 学校で習ったような気がします！
- じゃあ、知識の確認するよ。酸化鉄から鉄を取り出すのは次の反応式なんだけど、このとき酸化鉄は酸化された？ 還元された？

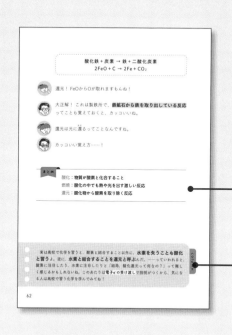

要点は「まとめ」で整理。

一歩進んだ内容を知りたい人は、コラムを読むと満足感がさらにアップ！

本の中で楽しくおしゃべりするのは このふたり！

あきとんとん

生徒たちに楽しく理科を学んでほしい、友達が多くて愉快な先生。どんな質問にも面白くわかりやすく答えてくれるので、みんなから大人気！

りりかさん

あきとんとん先生に理科を教わる、好奇心旺盛な女の子。一味ちがう感性や予測不能な言動で周囲を楽しませる!?

CONTENTS

2 ── はじめに

4 ── この本の特長

11 ── イチゴの"つぶつぶ"は種じゃないってホント？

15 ── 根がない植物があるってホント？

19 ──「生物の原点は魚」ってホント？

23 ──「ウサギは真後ろも見える」ってホント？

27 ──「植物も呼吸している」ってホント？

31 ──「植物にも口がある」ってホント？

35 ── 焼肉でタンを食べても、ベロが大きくならないのはなぜ？

39 ──「反射神経は存在しない」ってホント？

43 ── 家族で自分だけ血液型が違うのはなぜ？

47 ──「シマウマが減ったらライオンも減る」ってホント？

51 ── 生物に「おそろい」の場所があるのはなぜ？

55 ── 自分で身体をちぎって増える生物がいるってホント？

59……なんで水って燃えないの？

63……金属は磁石につかないってホント？

67……1kgの鉄と1kgの綿、重いのはどっち？

71……「気体が入っていても水に沈む風船もある」ってホント？

75……風船何個で家が浮かぶの？

79……コーヒーに砂糖を溶かしすぎたときは、どうしたらいいの？

83……「エタノールはすぐ怒る」ってホント？

87……カイロが温かいのはなぜ？

91……石けんで洗うときれいになるのはなぜ？

95……塩酸を捨てるとき水に流すのはダメ？

99……原子と元素って同じじゃないの？

103……「炭素は友達が多い」ってホント？

107……光の速さで走ると、人はどうなるの？

111……「遠くからでも、花火大会の場所は計算できる」ってホント？

115……「糸電話で音が聞こえる」のはなぜ？

119……静電気に「静」の文字が使われているのはなぜ？

123……電車でジャンプをしたとき、同じところに着地するのはなぜ？

127……「3時間働いても仕事をしていない」のはなぜ？

131……「電気を流すにはジャマ者が必要」ってホント？

135……「N極だけの磁石」はこの世に存在しないってホント？

139……磁石から電気を作れるってホント？

143……エンジンがなくてもジェットコースターが動くのはなぜ？

147……「気になるあの人とも実はひかれ合っている」ってホント？

151……救急車が動くと音が変わるのはなぜ？

155 ── 「正義は必ず勝つ」ってホント？

159 ── 「岩も育つ」ってホント？

163 ── 人が雲に乗れないのはなぜ？

167 ── 「川で修行すると優しくなる」ってホント？

171 ── 地球の自転が止まったら人はどうなる？

175 ── 毎日、月の見え方が変わるのはなぜ？

179 ── 宇宙ってどれくらい広いの？

183 ── 「一年中ダイエットしている惑星」があるってホント？

187 ── 「暑くなると体重が減る」ってホント？

191 ── **おわりに**

ブックデザイン
藤塚尚子

人物イラスト・挿絵
藤原なおこ

理科イラスト・図版
熊アート

DTP
マーリンクレイン

イチゴの"つぶつぶ"は種じゃないってホント？

ネットで見かけたけど、詳しく読みませんでした。先生、教えてください！

教えるのはいいけど、読んで勉強してほしかった……。

ぶつぶついってる……。

↓ 答えは次のページに ↓

A 半分ホント！"つぶつぶ"は種であって、種じゃないよ

半分……？ ゴマかされているような……。

ゴマかしてないよ！ これは勘違いされてることが多いんだ。

どういうことですか？

イチゴの"つぶつぶ"は種じゃないけど、種なんだよね。

……わかりませんが？

怒らないで！ まずは知識の整理をしようか。種で増える植物がなんて呼ばれているかは知ってる？

種子植物！ 中学の理科で習いました。

そう！ ちゃんと覚えていて、えらいね。その種子植物には裸子植物と被子植物の2種類があって、その2つの違いは**種がむき出しになっているか、果実の中に種があるか**なんだ。

リンゴとかスイカは果実の中に種があるのも、そういうこと？

そういうこと！ すると、**イチゴは種の位置がおかしい**……ってこともわかるよね。

たしかに！ 果実の周りに種がありますもんね。……ってことは、**イチゴの"つぶつぶ"は種じゃない**ってことですよね？

そのとおり！

でも、種じゃないけど、種って話してましたよね……？

ここからが勘違いされてるポイントで、イチゴって育てるときに、あの"つぶつぶ"を植えると、葉っぱが出てきて、イチゴが育つんだよ。

そうなんですか！ 知りませんでした……（今度植えてみよう）。

だから、種じゃないけど、種ってこと。

少し納得できた気がします！

もう少し詳しく説明するね。実は、みんなが食べてる赤い色のおいしい部分は果実ではないんだ。

そうなんですか⁉ じゃあ、果実はどこにあるんですか？

果実は"つぶつぶ"の部分なんだ。

ええ‼?

中学で習ったことを思い出してほしいんだけど、被子植物は果実の中に何があるっけ？

種がありますよね。"つぶつぶ"は果実で、その中に種があるんですね。

 そういうこと！ だから植えたらイチゴは育つし、"つぶつぶ"は種じゃないけど種っていったことが理解できたかな？ 最後に1つ。イチゴが発芽した画像を調べてみると、ぞわっとできるかも。

 絶対に調べません！

まとめ

種子植物：種子を作る植物

---

column

詳しく知りたい人は、以下の用語を調べてみてね！
胚珠（はいしゅ）：成長して、種子となる。
子房（しぼう）：成長して、果実となる。
裸子植物：胚珠がむき出しの種子植物。
　　　　例）ソテツ、マツ、イチョウ、スギ、セコイア　など
被子植物：胚珠が子房に包まれている種子植物。被子植物には、はじめに出てくる葉っぱである子葉が1枚の単子葉類、2枚の双子葉類がある。双子葉類には、花弁がくっついている合弁花類と1枚1枚離れている離弁花類がある。

根がない植物が
あるってホント？

その辺の雑草を抜いたら根があるから、どんな植物も根があるんだと思ってました。

根がない植物…あるのかね、ないのかね、どっちなんだろうね〜！

もったいぶらず、早く教えてください。

↓ 答えは次のページに ↓

A ＞ ホント！根がない植物もある！

「ある！」っていわれても、具体例がないとわかりません……。

ごめんごめん。でも「質問に対してきちんと答えること」ってホント大切で、できない大人も多いんだよ。

先生が「ちゃんと答えてくれる大人」だってことはよくわかりましたから、早く教えてください！

わかったわかった。さっき、**種子植物**について学んだよね。

種で増える植物のことですよね。

そうそう。でも、種子で増えない植物もあるって知ってる？

え！ 種のない植物があるんですか？

うん！ 種子ではなくて**胞子**（ほうし）で増えるんだ。胞子って、聞いたことないかな？

聞いたことあるかも！ たしかキノコは胞子で増えるんでしたよね。

そう！ キノコ以外に**シダ植物**と**コケ植物**ってのがあって、そいつらも胞子で増えるんだ。

コケって、あのジメジメしたところにあるやつですよね。

そうそう。世の中にはあの神秘的な雰囲気が好きな人もいて、家で育ててる人もいるし、京都の観光地には「苔寺」って呼ばれるお寺もあったりするね。

観光名所になっているんですね……。でも私はぞわぞわします……。

大人にならないとコケの魅力はわからないかもね。シダ植物とコケ植物は両方ジメジメしたところにいるんだけど、この2つにも違いはあって、コケ植物には根・茎・葉の区別がないんだ。

ってことは、**根っこがない植物はコケ植物**なんですね！ でも今コケの画像を調べてるんですけど、根っこの位置にちょろちょろ飛び出ているものがあるような……？

コケ植物も根っこに見えるものがあって、**仮根**って呼ぶんだ。

なんで「仮」ってついてるんですか？

いい質問！ そもそも根っこの役割っていうのは、**土とかに身体を固定する役割**と**水なんかを吸収する役割**の2つがあるんだ。

へえ！

それで、仮根っていうのは、**水分を吸収することはなくて、身体を固定するためだけにある**。2つの役割のうち1つしか持っていな

いから「仮」ってわけ！

納得しました！　あれ、でもちょっと待ってください……。だとしたら、コケ植物はどうやって水分を吸収しているんですか？

いい質問！　身体の表面から吸収するんだ。ちなみに**海にいるワカメなんかも仮根で、水分は身体で吸収する**よ。

だからコケ植物はジメジメしたところにいるんですね！

> **まとめ**
>
> **コケ植物**：種子を作らず胞子で増える植物。根・茎・葉の区別がなく、仮根で身体を固定している。
> 　例）スギゴケ、ゼニゴケ
>
> **シダ植物**：種子を作らず胞子で増える植物。根・茎・葉の区別がある。
> 　例）イヌワラビ、ゼンマイ、スギナ

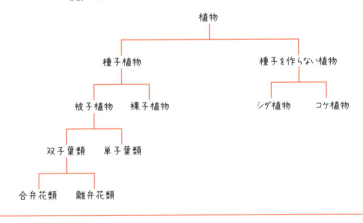

「生物の原点は魚」ってホント?

私、泳げないんですけど……
魚だったんですか?

先生は泳ぐの得意で、
バタフライも泳げるよ。

先生の先祖は魚っぽい気もする……。

どういうこと!?

↓ 答えは次のページに ↓

A ＞ ホント！みんな 魚から進化してきた！

信じられません……。

それが、ホントなんだよね。

でも、私たち水の中で呼吸できませんよ！

進化して、今の身体になったんだ。

進化ってゲームでは聞いたことありますけど、ポ●モンとか。私たちも順を追って何度か進化して、今の身体になったんですか？

そう。説明のために、まずは生物の分類について解説するね。そもそも動物は、**背骨がある セキツイ動物**と**背骨のない 無セキツイ動物**に分かれているってことは、知ってる？

学校で習ったような気もします。**私たち人間は背骨があるから、セキツイ動物**……ってことですね？

そうそう。そのセキツイ動物は、**魚類、両生類、ハチュウ類、鳥類、ホニュウ類**の5種類に大きく分類される。

なるほど……。

魚類→両生類→ハチュウ類・鳥類・ホニュウ類の順に進化してきたといわれていて、水中から陸上に住む場所を広げていったんだ。

だから生物の原点は魚ってことなんですね。

そう！ 厳密には生物の原点ってより、セキツイ動物の原点とか、人間の原点とかいったほうがよさそうだね。

なるほど……。

これ、イメージするとすごく面白くて、最初は水の中に住んでいたから、「乾燥」とは無縁だったんだよね。周りが水だから！ でも「陸上に住もう！」ってなったときは、周りは水ではなく、空気なので乾燥するんだ。だから、両生類、ハチュウ類って進化するとともに乾燥対策をしているんだ。

どんな対策をしているんですか？

たとえば、子どもの作り方。魚類と両生類は卵で子を産むんだけど、殻がなく水中に産むのに対して、ハチュウ類・鳥類は殻のある卵を産んで乾燥対策をしている！

いわれてみれば、納得ですね。

あと、両生類は魚類から進化したてだから、子どものときは水中にいるんだ。カエルの子ども、オタマジャクシは水中にいるでしょ？ カエルはもちろん両生類だ。ちなみに、前回解説したコケ植物、シダ植物も進化の過程を見てみると楽しいかも。

気になります！ 教えてください！

植物の進化の順は、ワカメみたいな海中の植物から陸上に生息範囲を広げて、**コケ植物→シダ植物→裸子植物→被子植物**という順で進化していったといわれているんだ。それを知っていると「**陸上にまだ慣れていないから、コケ植物も仮根なんだ！**」って想像できるよね。しかも、ジメジメしたところが好きなのも海中を思い出しているのかな……とか思えるよね。

想像力を働かせると、すごく覚えやすいですね！

それが得意になるコツで、勉強の楽しみの1つだよ。

なんだか先生が神々（こうごう）しく見えます……。

まとめ

セキツイ動物：背骨を持つ動物
無セキツイ動物：背骨を持たない動物

「ウサギは真後ろも見える」ってホント？

もし先生がウサギだとしたら、今真後ろに立っているソレが見えてるってことですね……。

えっ……!?

……。

↓ 答えは次のページに ↓

A ホント！目が横向きについているから、真後ろも見える！

これ、想像できないよね。

本当なんですか？

……。

な、なんかいる……。本当だよ。目って何のためについているか知ってる？

ものを見るため！

そうだね！ じゃあなんで2個必要なんだろう？

たくさん見えるようにするため？

いいね〜！ もちろんそれもある。でもそれだけじゃなくて、目が2つあるのは、**立体感や遠近感を把握するため**でもある！ ちなみに、**草食動物と肉食動物で目のつき方が違う**のは知ってるかな？

そういえば、ウサギとか馬はヒトと違って、目が横についてるかも……？

そうだね。草食動物は目が横向きについているよ。そのおかげで、**広範囲を見渡すことができて、敵を早く見つけることができる**んだ。種類によって、見える範囲は違うんだけど、ウサギは360度

見えてるっていわれてるね。
反対に、**肉食動物は目が前向きについていて立体的に見える範囲が大きく、獲物との距離が正確にわかる**ようになっている。例としてはこんな感じ！

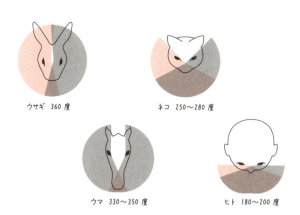

右目と左目の視野が重なるから、立体的に見えるんですね！

そう！ 右からと左からの情報があるからね。ちなみに、他にも草食動物と肉食動物はその生活の違いから、肉食動物は獲物をとらえるためのとがった歯の**犬歯**(けんし)が発達してて、草食動物は草を嚙み切るための**門歯**(もんし)とそれをすり潰すための**臼歯**(きゅうし)が発達してるよ。

ちなみに、人間の八重歯は犬歯……。

うわっ！ しゃべった!?

> **まとめ**
>
> **草食動物**：植物を食べることで生きている動物
> **肉食動物**：他の動物を食べることで生きている動物

シマウマの視野

立体的に見える部分

シマウマの歯

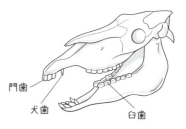

門歯
犬歯
臼歯

「植物も呼吸している」ってホント？

植物は呼吸をしているし、森は生きているんだ。

なんかちょっと怖さを感じます……。なんでだろう。

↓ 答えは次のページに ↓

A ホント！植物も呼吸をしている！

これは本当だね！

え！ そうなんですか？ 植物も生きているってことですか……？ 雑草を抜いたり踏んだりしたことあるんですけど、あの雑草たち、生きていたってこと……？

呼吸はしているから、生きているととらえることもできる。でも動物と違って心臓があるわけじゃないから、そこまで心配することはないよ。

うーん……でもこれからは、気をつけます。

優しいね。みんながよく知っている植物のはたらきは**太陽光などの光エネルギーを使うやつ**だよね？

はい！ **光合成**ですよね！

さすが！ ちなみに、**光合成がどんなはたらきか**は覚えてる？

そこまでは覚えていませんね。

光合成は、**水と二酸化炭素を原料として、光エネルギーによってデンプン（養分）と酸素を作るはたらき**って覚えておこう！

酸素を作るから植物は大切ってことは覚えてました。

いいね！ それは**光合成で酸素が作られるから**だね。酸素がないと、僕らは生きていけないからね。

そのとおり……。

で、出た！

ちなみに、**光合成が行われる、植物中の緑の部分**が何て呼ばれるかは知っているかな？

葉緑体ですよね。

正解！ では、**呼吸がどんなはたらきか**はわかる？

人間と同じ呼吸ですよね？

そうそう！

だったら、**酸素を吸って、二酸化炭素を吐く**。

正解！ その呼吸を植物もずっとしているんだ！ でも、お昼は太陽が出てるから光合成をするよね。その結果どうなるかというと、光合成では二酸化炭素を使って、酸素を出す。つまり、**二酸化炭素が減って、酸素が増える**。
呼吸では酸素を吸って、二酸化炭素を出す。つまり、**二酸化炭素が増えて、酸素が減る**。

逆のはたらきをしていますね！

お昼は光合成のほうが活発なんだ。呼吸で二酸化炭素は増えるけど、光合成でそれよりも多く二酸化炭素を減らして酸素を増やしているから、実験とかで気体の量だけ見ても、**呼吸をしていないように見える**んだ！

だから、植物は呼吸していないように思えるんですね。

そう！ それで、夜になると太陽がいなくなるから、光合成はせずに、呼吸での気体の動きだけになる。だから夜は二酸化炭素が増えて酸素が減っている……ってことも知っておいて！

まとめ

光合成：水と二酸化炭素と光エネルギーを使って、デンプン（養分）を作り酸素を出すはたらき
呼吸：酸素を取り入れ、二酸化炭素を出すはたらき

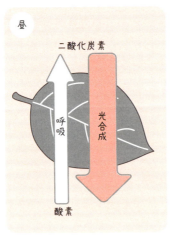

「植物にも口がある」ってホント？

ウツボカズラのような、
食虫植物(しょくちゅう)のことかな？

「タンポポにも口はある」って
聞きました……。

あー……わかった！
次のページで説明するね！

↓ 答えは次のページに ↓

A ホント！「植物の口」と呼べるところがある！

 東南アジアには、ネズミを捕食するくらい大きなウツボカズラも生息しているらしいね。

 ええっ……それは怖いですね。私たちも下手すると食べられちゃうんでしょうか？

 それは大丈夫！ かつては「マダガスカルには食人植物が存在している」なんてウワサもあったけど、実在する根拠や証拠は見つかっていないよ。

 ひと安心しました……。

 本題に戻そう。個人的に「植物の口」と呼んでもいいところは、たしかにあるよ。タンポポも持っている、ある部分だ。

 あるんですね！ どこにあるんでしょうか？

 葉っぱの裏にたくさんあるよ。

 たくさん……って、口が何個もあるんですか？ ちょっと怖い……。

 怖くないから安心して！ **気孔**（きこう）って呼ばれる穴だ。

 きこう？

聞こうとする姿勢がすばらしいね。

 えっ……。

 ごめんね……。気孔はこんな作りになってるんだ。口に見えると思わない？

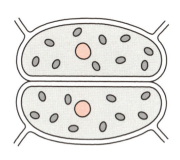
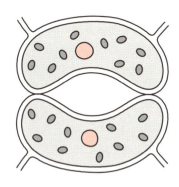

 たしかに！

 くちびるみたいな部分は**孔辺細胞**(こうへんさいぼう)っていって、このすき間が気孔だよ。ちなみに、見た目だけじゃなく、口と同じようなはたらきをするんだ。

 もしかして何か食べるんですか？

 いや、食べはしないね。28ページで学んだ**呼吸は、この気孔で行われる**んだよ。

 なるほど……！

他にも**光合成で必要な二酸化炭素を取り込んだり、光合成で作られた酸素をここから出したりするんだ。**人間の口とはちょっと違ったはたらきでいうと、汗をかくのもこの部分のイメージだ。

植物も汗をかくんですか……？

あくまでイメージだよ。実際には汗はかかないけど、**葉の温度が上がりすぎないようにしたり、体内の余分な水分を外に出す**のも気孔の役割なんだ。ちなみにそのはたらきを**蒸散**(じょうさん)っていうから、これも覚えておこうね。

気孔ってすごいんですね。

まとめ

気孔：気体の出し入れ、水蒸気を出すところ。葉の裏側に多い。
孔辺細胞：気孔の周りの三日月形の細胞。
　　　　　　気孔を開閉するはたらきを持つ。
蒸散：植物が水分を水蒸気
　　　　として放出すること。

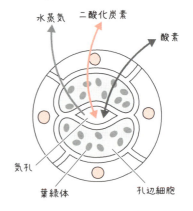

Q

焼肉でタンを食べても、ベロが大きくならないのはなぜ？

ベ●リンガはタンを食べすぎて、ああなったって聞きました……。

デマだね……。

↓ 答えは次のページに ↓

A タンもお米も、食べ物は消化されるから

 そもそもタンは、なんで「タン」っていうんですか？

 タンっていうのは、舌のことだよね。舌を意味する英単語は「tongue（タング）」だから、英語からきているんだね。

 なるほど……！ 先生っぽい答え！

 ん？ ちょっと引っかかるけど、まあいいか……。そもそも、食べた部位がそのまま自分の身体になってしまったら、お米の行き場所がないよね。これは焼肉以外でもそうなんだけど、食べ物を食べたら普通は**消化**ってのが行われて、**吸収**されるんだよね。

 詳しく教えてください。

 消化っていうのは、**食べ物に含まれる栄養分を分解して、体内に吸収されやすい状態に変えるはたらき**のこと。**食べ物を細かく細かくしてから、吸収するってこと**ね。

 いわれてみればタンのままじゃ、吸収できそうにないですね。

 そう！ だから、タンを食べても細かく分解されて、これは**タンパク質**でこれは**脂肪**で……って感じで分かれていって、タンの原形がなくなるんだ。

タンパク質も脂肪も、聞いたことあります！ **細かな栄養素に分かれていく**んですね。

そう！ だから牛の舌を食べたからって、そのまま舌が大きくなるわけじゃないんだ。その栄養はいろんなところに使われるからね。ちなみに、**食べ物を消化するはたらきを持つ液**を **消化液** っていって **唾液**(だえき) は消化液の1つだよ。

唾液はつばのことだから、つばが何かを分解しているんですか？

そう。もっと詳しく見ると、消化液の中にある **消化酵素**(しょうかこうそ)が**食べ物を分解して、身体に吸収されやすい状態に変えてくれる**んだ。唾液には **アミラーゼ** っていう消化酵素があって、このアミラーゼには **デンプンを分解して糖に変えるはたらき** があるよ。

糖って、砂糖の「糖」ですよね。甘いってことですか？

そのとおり！「ご飯をよく噛んで食べると甘くなるよ」っていわれたことない？ あれは**ご飯に含まれるデンプンが糖に変わって甘くなってる**ってことなんだ。

面白い話ですね。

もちろん消化液とか消化酵素には他にもいろいろあるんだけど、消化酵素が「**特定の物質を分解する**」ことを知っておいてほしい。たとえばすい臓にある消化液の **すい液** には消化酵素が大きく分けて3つもあって、3つの物質を分解できるんだよ。

「すい臓を食べたい」って何かで聞いたことある気がしますが、大切な臓器なんですね……。食べられないようにしないと……。

それは小説のタイトルだし、そのままの意味じゃないよ……。消化が終わった養分は**小腸の柔毛ってところから体内に吸収される**んだ。そして最終的には、肛門からうんちとして排出される……。**この口→食道→胃→小腸→大腸→肛門と進む、食べ物の通り道**を**消化管**っていうんだ。

普段食べているものがどう変化していくのか、よく理解できた気がします。さらに理解を深めたいので、焼肉食べに行きましょうよ！

そういうと思った……。ここまでがんばってきたことだし、他の子たちも連れて、みんなで食べに行こうか！

まとめ

消化：食物（食べ物）を分解して、身体の中に吸収できる形に変えること
消化液：食物を消化するはたらきを持つ液
消化酵素：消化の反応を促進するもの
吸収：養分を小腸の柔毛から体内に取り入れるはたらき

「反射神経は存在しない」ってホント？

（石を投げながら）先生！

（石をよけながら）うおっ！あぶなっ！

先生には反射神経があるようですね……。

その確認のために投げたの!? あぶないから投げちゃダメだよ！

↓ 答えは次のページに ↓

A ホント！「反射神経」という神経はありません

反射神経は、ありません！

そ、そんな……。体育の授業や部活で「反射神経が良い」とか「悪い」とかいいますけど……あれはいったい？

いいたいことはわかるんだけど、**反射神経と名前がついている神経はない**んだ。「反射神経」という言葉はあるけど、神経はない。

うーん、ややこしいですね……。つまり、どういうことですか？

まずは言葉を分解していくと、「反射神経」にはそれぞれ「反射」と「神経」という言葉があるよね。まず、科学で**反射**が何を指しているかは覚えてる？

授業で習った気がします。**熱いやかんとか、熱々のお豆腐に手が触れたときに、瞬時に手が引っ込む反応のこと**でしたっけ？

そう！（豆腐をさわるシチュエーションはよくわからないけど）そして、**神経**ってのは**身体のいろんなところに張りめぐらされた情報の通り道**みたいなところだね。

なるほど……！「反射神経」は神経を比喩(ひゆ)的に使った表現なんですね。学校では「反射は無意識の反応」って習った気がするんですけど、そうなんですか？

合ってるよ。反射は**脳が指令を出さずに行動を起こす反応**なんだ。だから、「反射神経がいい」って言葉が生まれたんだね。無意識に機敏に動くときに使われるわけだ。たとえば、目の前に飛んできたボールを瞬時に避けられる……とかね。

神経についても詳しく知りたいです。教えて！ とんとん！

のってきたね〜。そもそも、脳が指令を出さないときはどこが指令を出しているかというと、**脊髄**っていうところなんだ。この命令を出す脊髄と脳を、まとめて**中枢神経**って呼ぶよ。

中枢って「政府の中枢」なんてふうに使われますよね。

そうそう。よく知ってるね。中心となる大事な部分のことね。中枢神経以外だと、**外の刺激を中枢神経に伝える神経**が、**感覚神経**だ。これは、「この食べ物おいしいよ〜」とか、そんな情報を届ける神経ね。

昨日みんなでタンを食べていたときにも、感覚神経が働いてたってことですか？

そう！ 味覚が働いていたんだ。味覚は感覚の1つだね。ちなみに、感覚には、**視覚・聴覚・味覚・嗅覚・触覚**がある。**これらの刺激を受け取るところ**を**感覚器官**っていうよ。

タンを焼いているときのにおいは鼻が感覚器官で、嗅覚で感じ取っていたわけですね。

そうそう！ のみこみが早いね。**中枢神経からの命令を筋肉に伝えるのは運動神経**って呼ばれる神経だ。「手を動かせ！」って命令なんかは、運動神経から筋肉に伝達されるわけだ。

運動神経は存在するんですね！

反射神経と違ってね。ちなみに、感覚神経と運動神経をまとめて**末梢神経**って呼ぶ。反射だと**感覚器官→感覚神経→脊髄→運動神経→筋肉**、意識的な反応だと、**感覚器官→感覚神経→脊髄→脳→脊髄→運動神経→筋肉**……という順番で行動を起こすんだ。反射は脳で考える時間がないから、脊髄から命令を出してるんだよ。

脊髄って、副キャプテンの役割なんですね。

まとめ

中枢神経：脳と脊髄のこと
末梢神経：感覚神経と運動神経のこと
感覚神経：感覚器官で受け取った刺激を電気的な信号として中枢神経に伝える
運動神経：中枢神経から出された命令を筋肉へ伝える

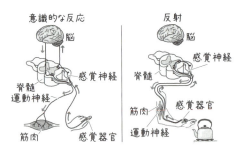

家族で自分だけ血液型が違うのはなぜ？

お父さんもお母さんもO型なのに、私だけA型なんです……。

続きを読めば納得できるはず！

↓ 答えは次のページに ↓

A > A型の人は、O型が混ざっている場合もあるから！

知識がないとちょっと不安になるよね。でも、まったく心配いらないから安心して。**A型っていっても、実は2種類ある**んだ。

え！ どういうことですか!?

A型には、A型だけのAA型と、O型が混ざっているAO型（またはOA型）があるんだ。

ふむふむ……。

生物の形や性質のことを **形質** っていうのは知ってる？ たとえば「まぶたが一重か二重か」とか。この形質は **遺伝子** が決める。

遺伝子は聞いたことがあります！

いいね。**形質が親から子へ伝わること**を **遺伝** っていうんだけど、この遺伝には規則があるんだ。

規則……難しそうな話になってきました。

わかりやすく説明するから、安心して！ まず形質には、必ず形質を伝えることができる **顕性形質**（優性形質）と、そうではない **潜性形質**（劣性形質）がある。具体的に見ていこう。

はい！

歴史的にメンデルさんがエンドウ豆を使って、遺伝の規則性を見つけたから、これで説明するね。丸いエンドウの遺伝子をAA、しわのあるエンドウの遺伝子をaaとして、この2つから子を作ると、親の遺伝子を半分ずつもらうことになって……。

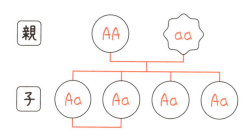

遺伝子はぜんぶAaのパターンになるよね。すると面白いことに、子どもはぜんぶ丸いエンドウになったんだ。

 え！ aっていうしわの遺伝子もあるのにですか？

 そうなんだ。このaが潜性形質。**Aは顕性形質で、1つだけでもその形質を伝えることができる**。そして、このAaの遺伝子を持つ2つのエンドウから子どもを作ったらどうなるかな？

 こうなりますね。

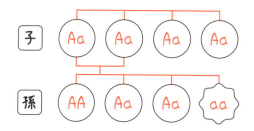

45

すばらしい！ そう、AAが1つ、Aaが2つ、aaが1つできるね。1つだけしわのあるエンドウがあるけど、その遺伝子がaaなんだ。つまり、**顕性形質は2つ集まってやっと形質が現れる**んだよ。遺伝の知識がないと、親は両方とも丸いのに、しわのある子が生まれて不思議に思うかもしれないね。

遺伝子を学んだあとだと、理解できますね……！

今回の血液型も同じで、A型ってのは顕性形質で、O型は潜性形質なんだ。だから、A型でも遺伝子的にはAO型同士の親だったらできる子はどうなる？

子はAA、AO、OA、OOになります！

正解！ さっきいったようにAは顕性形質だからAA、AO、OAはA型になって、OOだけがO型になるってこと。だから両親が両方A型でも、25％の確率で自分がO型になるってわかるね！

安心しました……。

まとめ

形質：生物が持つさまざまな形や性質
遺伝子：細胞の核の中にある染色体の中にあり、
　　　　　形質を決定するもとになるもの
遺伝：親の持つ形質が子に伝わること
顕性形質（優性形質）：遺伝子の組み合わせで現れやすい形質
潜性形質（劣性形質）：遺伝子の組み合わせで現れにくい形質

「シマウマが減ったら ライオンも減る」ってホント？

減ったシマウマが徒党を組んで、ライオン狩りをする絵が頭に浮かびました……。

違う違う！ 怖い想像はやめて！
これにもきちんと理屈があるから、
詳しく説明していくね。

↓ 答えは次のページに ↓

> **A** ホント！ シマウマが減ると、ライオンのご飯が減るから！

減ったシマウマたちが覚醒。倒せライオン！ やられた仲間の想いを託せ！ ……って感じじゃないんですか？ 結果、ライオンが減ります。

違うね……。

じゃあ、減らないんですか？

シマウマが減るとライオンも減るのは、ホントだよ！ シマウマにライオンが殺されるわけじゃない。でも、減るんだ！

ええ、なんでですか。ますますわからなくなってきました……。

シマウマとライオンって、どういう関係かな？

えっと、シマウマはライオンに食べられます！

すばらしい！ そのとおりだね。ライオンのご飯がシマウマ……って言い換えられるよね。それはつまり、**シマウマが減るってことは、ライオンのご飯がなくなるってこと**なんだ。そしたら、ライオンは食べるものがなくなるよね？

たしかに！ ひょっとして、それで食べるものがなくなって、餓死とかしてしまって、シマウマが減ったらライオンの数も減っちゃう……ってことなんですか？

そのとおり！ この関係を**食物連鎖**っていうんだ！

 食物連鎖？

 食物連鎖は**食べる・食べられるの関係**のことをいうんだ。たとえば、シマウマはライオンに食べられるけど、シマウマは草を食べるよね。**そういった関係とその生き物の数を見ると、ピラミッド型の関係になる**んだ。

 へえ！ そうなんですね。

 生き物は栄養をとらないと生きていけないよね。ほとんどの生き物はこの栄養を自分で作ることができないんだけど、**植物は自分で栄養を作ることができる**んだ。だから**生産者**って呼ばれてる。

 シマウマやライオン、もちろん人間は自分で栄養は作れなくて、どうやって栄養をとるかといったら、食べることで栄養をとっている。シマウマは植物を食べて植物が作った栄養をとる。シマウマは植物から栄養を得て、栄養を持っている状態だよね。だからライオンはそのシマウマを食べることで栄養をゲットできるんだ。この**食べることで栄養をとる生物**はなんていうか、わかるかな？

 消費するから、**消費者**でしょうか？

 いいね！ ちなみに、植物の下にも役割のある生物はいて、**動物の死骸やフン、枯れ葉や落ち葉などの有機物を無機物に変えてくれる分解者**……ってのもいる。その多くは土の中に住む**ミミズやダンゴムシ、菌類や細菌類**なんかだね。

いろんな生き物が支え合っているんですね。

そうだね！ この**ピラミッドの下にいるものが減ると、その上のものが減る**。つまり、草が減ると、シマウマが減る。そして、シマウマが減るとライオンが減る……みたいな関係だ。ここで面白いのが、時間が経ってシマウマが減ると、草は食べられることが少なくなるので、増えていくんだ。そしたら草が増えて、シマウマは増える、しばらくするとライオンが増える……みたいな感じになって、ピラミッドの形は変わらないんだ。

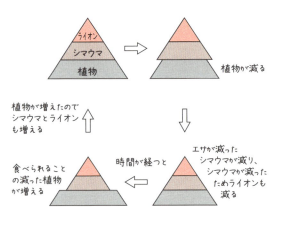

> **まとめ**
> **食物連鎖**：生物同士の食べる・食べられるの関係
> **生産者**：無機物から有機物（デンプンなど）を作る植物
> **消費者**：生産者の作った有機物を直接的または間接的に食べる動物
> **分解者**：生物の死骸や排出物に含まれる有機物を無機物などに分解している生物、主に菌類や細菌類

生物に「おそろい」の場所があるのはなぜ？

うちでチワワを飼ってるんです。前足をよく見てたら、私の手と似ているなって思って。

いい視点だ！ 今回は生物の「おそろい」について、解説していくよ。

↓ 答えは次のページに ↓

A もともとは同じ器官だったから

20ページで進化の話をしたのは覚えている？

もちろんです！ 人間はもともと魚だった……って話ですよね。あの話を聞いた夜、私、変な夢を見たんです。

どんな夢？

イワシになって、海を泳ぐ夢を見ました。私の先祖、イワシだったのかもしれません。イルカがよかったな……。

イルカはホニュウ類だから、進化の過程にはないかもね。

たしかに！

それはさておき、人間の手と犬の前足は進化の証拠というか……「おそろい」の場所なんだ。

どういうことでしょうか？

進化の過程で形とかはたらきが変わってしまったけど、もともとは同じ器官だよね！ ……って考えられているんだよ。犬の前足以外だと、クジラのヒレもおそろいだよ。これはね、**骨を見るとわかる**んだ！

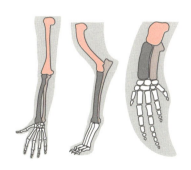

ヒトの手　イヌの前足　クジラのヒレ

そういうところを**相同器官**っていうんだよ。ちなみに、**もともとは別の器官だったけど、形やはたらきが同じ器官**のことは**相似器官**っていうんだ。

相似器官には、どんな例があるんですか？

相似器官はね、たとえば、**鳥の翼と蝶の羽**とかだね。両方とも飛ぶために作られているけど、作りを見るとまったく違うんだよね。だから、相似なんだ。

なるほど。生物ってつながっているんですね。

ちなみに**サツマイモとジャガイモのイモも相似器官**だね。器官つながりでいくと、人間にはもともと尻尾があった……って聞いたことない？

おしりの硬い部分が尻尾のあと……って聞いたことがあります。

いいね！　そう！　そこは**尾てい骨**っていうんだけど、もともとは尻尾があったと考えられているんだ。こういった、**退化してあ**

とが残っている器官のことを**痕跡器官**っていうよ。他の例だと、**ヘビには昔は足があった**痕跡が残っているから、ぜひネットで調べてみて！

 さっそく検索してみます！

まとめ

相同器官：現在のはたらきや形は異なるが、もとは同じであったと考えられる器官

相似器官：もとは別の器官であったが、現在のはたらきや形が似ている器官

痕跡器官：相同器官のうち、進化したあとはそのはたらきをしなくなり、同じものであったという痕跡だけになっているもの

自分で身体をちぎって増える生物がいるってホント？

テレビで見ました。
プラ……なんとかっていう名前の。

すべて理解したよ。
次のページで説明していくね！

すごい理解力……！

↓ 答えは次のページに ↓

A ホント！プラナリアは真っ二つに切っても元どおりになる！

 その番組では、プラ……なんとかっていってました。

 プラナリアだね。こんな生き物じゃなかった？

 そうです！ のっぺりしてて、カッターで5か所くらい切ったんですけど、なんと数日後には5匹に増えてて、びっくりしました。

 はじめてプラナリアのことを知ったときは、先生も驚いたよ。

 漫画やアニメのキャラクターみたいですよね。

 どちらかというと、漫画やアニメのほうがプラナリアを真似た可能性が高いかもしれないね。さてさて、今日は生物の増え方について学んでいくよ。

 はい！

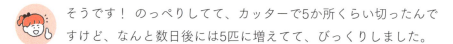 生物の増え方には、どんなのがあるかわかるかな？

オスとメスで子を作りますよね。うちのチワワは友達からゆずり受けたんですが、お父さんもお母さんもチワワで、うちの子にすごく似てて……！

犬は犬種ごとにブリーダーさんがいたりするね。犬も含めて**オスとメスで子を作る場合**を**有性生殖**っていうんだけど、**オスとメスが関係せずに子を作る無性生殖**っていうのもあるんだ。

有か無か……性別が「有」るか「無」いかってことですか？

そう！ そうやって関連づけると理解しやすいよ。さっきオスとメスが、って話してくれたと思うけど、**有性生殖をする生き物には「性」別の違いがある**けど、無性生殖をする生き物にはその違いがないんだ。

性別がないって、人間からすると想像できませんね。私たちみたいに恋もしないし、そもそも心もないんでしょうか？

生き物の心か……。**ダンゴムシの心を研究している大学教授**もいた気がするから、ぜひ調べてみて！ ここから、本題に戻るよ。

無性生殖の生き物は、プラナリアだけじゃないんだ。**体を2つに分裂させて増えるゾウリムシ**だったり、**アメーバ**も無性生殖だね。他にも**分裂せずに自分の体から新しい個体ができる栄養生殖**っていうのもあって、これも無性生殖の一種だね。

え！ 身体から新しい個体って……。私の頭からもう1つ頭が生えてくるイメージですよね……？ 全然想像できません！

怖いイメージだね……。栄養生殖は、意外と身近にたくさん見られるよ！たとえば、ジャガイモのイモは栄養生殖で増える。

いわれてみれば、イモからイモが生えてるかも……。

最後にプラナリアの補足をするよ。プラナリアは驚異の再生能力を持っているから、**再生医療**の研究で使われることもあるんだ。たとえば、年をとって手足が動かなくなる**パーキンソン病**を治す糸口になると考えて研究をしている科学者もいるらしいよ。

もし解決できたら……プラナリアに頭が上がらなくなりますね。

研究してくれている人たちにもね！

まとめ

生殖：生物が同じ種類の新しい個体を作ること
有性生殖：オス・メスが関係して子を作る生殖
無性生殖：オス・メスが関係せず子を作る生殖
分裂：体が2つに分裂して増えること
栄養生殖：体の一部から新しい個体ができる生殖

なんで水って燃えないの?

枯れ葉も本も、人間だって燃えるのに、変ですよね?

人間!? 怖すぎるでしょ！
たしかに日本は火葬が
一般的だけどさ……。

↓ 答えは次のページに ↓

A 水はすでに「燃えている」から

（ちょっと怖いけど）面白い質問！ こういう質問ができるってことは、科学のセンスがあるってことだよ。

ありがとうございます。なんか照れますね。

水っていうのは**酸素**と**水素**からできていて、**酸素にはものを燃やすはたらきがあるはずなのに、なぜ水は燃えないのか？**
……ってことだよね。

そう！ 水には酸素があるのに！

答えは、水はもう燃えているから！ 水は燃えた水素のことなんだ。

え？ どういうこと？

ものから火が出て、光を出して激しく燃えることをなんていう？

燃焼！

いいね！ 正解！ 実はこの燃焼が起きているときに、ものは酸素と結びついているんだ。酸素が結びつく勢いが強いから光や熱が出ているってこと。

そうなんですね！

水素にマッチ棒を近づけると、ポンッと音を立てて燃えるよね。その反応はこんな感じ。

> 水素 + 酸素 → 水
> $2H_2 + O_2 → 2H_2O$

化学反応式！

水素に火を近づけると、熱と光を出して激しく酸素と結びつくからあんな音が出てるんだってわかるね！

なるほど……！

そして、この反応は燃焼って考えられるよね。だから、**水はそもそも燃えたあとだから、燃えない**ってわかる！

そういうことか！

ちなみにものが**ゆっくり酸素と結びつく**ときもあって、まとめて**酸化**と呼ぶよ。酸化によってできた物質は**酸化物**だ。酸化鉄とか酸化銅が代表例だね。逆に**酸化物から酸素を奪う反応**を**還元**っていうんだ。

学校で習ったような気がします！

じゃあ、知識の確認をするよ。酸化鉄から鉄を取り出すのは次の反応式なんだけど、このとき酸化鉄は酸化された？ 還元された？

> 酸化鉄 ＋ 炭素 → 鉄 ＋ 二酸化炭素
> 2FeO ＋ C → 2Fe ＋ CO$_2$

 還元！ FeOからOが取れますもんね！

 大正解！ これは製鉄所で、**鉄鉱石から鉄を取り出している反応**ってことも覚えておくと、カッコいいね。

 還元は元に還(かえ)るってことなんですね。

 カッコいい覚え方……！

まとめ

酸化：物質が酸素と化合すること
燃焼：酸化の中でも熱や光を出す激しい反応
還元：酸化物から酸素を取り除く反応

---

column

実は高校で化学を習うと、酸素と結合すること以外に、**水素を失うことも酸化と習う**よ。逆に、**水素と結合することを還元と呼ぶ**んだ。……っていわれると、酸素に注目したり、水素に注目したりと「結局、酸化還元って何なの？」って難しく感じるかもしれないね。このあたりは**電子e$^-$の受け渡し**で説明がつくから、気になる人は高校で習う化学を学んでみてね！

金属は磁石につかないってホント？

金属といえば、磁石につくものだと思っていました。

たとえば10円玉、磁石につかないよね？

たしかに……。つくものとつかないものの違いって、何なんでしょう？

今回はその疑問が解消できる講義だよ！さあ、はじめていこう！

↓ 答えは次のページに ↓

63

A ホント！金属だから つくわけじゃない

すべての金属が磁石につくわけじゃないのは、10円玉の例でわかったね？

たしかに10円玉はつきませんけど、家の冷蔵庫には磁石がつきますよね？ 冷蔵庫も金属のような気がするんですが……。

冷蔵庫はつくものが多いね！ でも、たとえば自転車とか家の鍵は磁石に引っつくかな？

たしかに。つかないときがありますね。あれ、不思議に思ってたんですよね。

これは学問を修めるうえで非常に大切なことなんだけど、**「すべてに当てはまるかどうか」を、思いこみで判断しちゃいけない**よ。

つい経験にとらわれちゃいますけど、すべての金属で試したわけじゃないですもんね……。

そうそう。たとえば金、磁石にくっつくと思う？

くっついてほしいですね……。そしたら強力な磁石で、町中の金を私のもとに集められます。

それは窃盗だからやめようね……？ 実は**金は、磁石にはつかない**んだ。でも金は金属の仲間だよね。

はい。

理解のために、金属の主な性質を紹介するよ。金属の性質は大きく分けて3つあって「**みがくと光沢が出る（金属光沢**）」「**電気・熱をよく通す（電気伝導性・熱伝導性**）」「**たたくと広がる（展性）・引っ張ると伸びる（延性**）」だ！ この中に「磁石に引っつく」はないよね？

たしかにありませんね。こうやって**定義や性質を知っておくと、先入観にだまされなく**なりますね……。

そうそう。そのために勉強をするわけだね。

なんかムカつきますね……。

なんで!? ……さておき、磁石に引っつく性質を持つ金属の代表例は「**鉄**」だ！ だから、鉄が含まれていると磁石に引っつくって考えるとわかりやすいね！

……ってことは、家の冷蔵庫には鉄が含まれていて、だから磁石がくっつくのでしょうか？

すばらしい！ そのとおりだよ。ちなみに、磁石につかない**10円玉は成分の大半が銅**で、**銅も金と同様に磁石にはつかない**よ。

なるほど。

ちなみに、磁石に引っつく主な金属は「鉄」って説明したけど、他にも引っつく金属があって、その代表格が「**ニッケル**」や

「**コバルト**」だ。一部のステンレスにも磁石に引っつくものもあるけど、こういった場合は鉄が中に含まれているときだね。

スチール缶は磁石に引っついて、アルミ缶は磁石に引っつかないよね。スチール缶は**鋼**（はがね）と呼ばれる素材で作られているんだけど、これは鉄に少しの炭素などを加えた**合金**だから、くっつくわけだね。合金っていうのは、==金属にいろんなものを混ぜて作った金属==のことだよ！

磁石にくっつく物体の呼び名はあるんですか？

いい質問だ！ ==磁石を近づけると磁気を帯びる物質==を**磁性体**（じせいたい）っていうよ。その磁性体の例が「鉄」「コバルト」「ニッケル」だ。

磁性体！ 初耳です。

水とか木とかプラスチックとかは磁石に引っつかないよね。そういったものは**反磁性体**っていったりするよ。

まとめ

金属の性質：
　①みがくと光沢が出る（金属光沢）
　②電気・熱をよく通す（電気伝導性・熱伝導性）
　③たたくと広がる・引っ張ると伸びる（展性・延性）
合金：ある金属に他の金属または非金属の元素を1種類以上混ぜ合わせたもの
磁性体：磁気を帯びることが可能な物質
反磁性体：磁石に引っつかないもの

1kgの鉄と1kgの綿、重いのはどっち？

3秒で答えて！ 3、2、1、はい！

鉄じゃないんですか……？

うーん、イメージにとらわれたね。次ページで解説していくよ！

↓ 答えは次のページに ↓

A 鉄と綿は同じ重さ！密度が違うだけ

もう一度、問題文をよく読んでみて！

鉄と綿……ですよね？ 鉄のほうが重いイメージがありますよ。

鉄と綿の前に「1kgの」って書いてない？

そうか！ 両方1kgだから、同じ重さなんですね。

そういうこと！ 同じ体重計を使ってはかることを想像してほしいんだけど、**何をのせても1kgは1kg**だよね。

たしかに……。うちのチワワ、イギーちゃんっていうんですけど、体重10kgあるんです。動物病院に連れていったときに「人間の赤ちゃんと同じくらいの重さだね」って先生にいわれました。

そうそう、それと一緒だよ。人も犬も、体重計にのせたら同じ尺度ではかれるわけだ。

そのとおりですね。

でも、さっきいってた「鉄のほうが重いイメージ」は、ある意味では正しい。

ある意味……？ もったいぶらずに教えてください！

その重いイメージとか軽いイメージは、密度のことを考えてるんだね。密度って、聞いたことない？

 あるかも……。「**どれくらい詰まっているか**」ってことですよね。

 すばらしい！ その理解でOKだ。鉄はびっしり詰まっていて、綿は全然ぎゅーーってなっていなくて、ふわふわって感じだね。だから今回の問題みたいに1kgの鉄と1kgの綿を用意したら、鉄は小さくてすむんだけど、綿はめっちゃ大きくなるってこと！

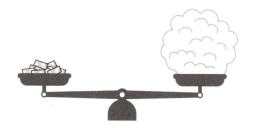

 詰まっていないからですね。

 そう！ ちなみに密度は**基準となる体積に対して、どれくらいの質量が詰まっているか**だ。学校の授業で習ったことない？

 密度の公式のことでしょうか？

 まさにそう！ 数学とか理科では、分母に「基準となるもの」を持ってくるわけだね。**体積を基準にしたいから体積が分母にくる**のが密度の公式だ。

 なるほど……！

さらに深い話をすると、**密度は物質によって決まっているから、得体の知れない物質を手に入れても密度がわかればそれがなんていう物質かわかる**んだよ。

便利ですね。

あとは水の中に入れたものが浮いたり沈んだりするのは密度が関係していて、**水の密度より小さいと浮いて、大きいと沈む**んだ。これは液体の水よりもすかすかなら浮いて、びっしり詰まっていたら沈むってことね。

風船が浮くのも同じでしょうか？

そう！ あれは空気より密度が小さいと浮くんだ。

まとめ

密度：物質1cm³あたりの質量。物質によって決まる。

$$\frac{物質の質量\,[g]}{物質の体積\,[cm^3]}$$

70

「気体が入っていても水に沈む風船もある」ってホント？

先生。私、わかっちゃいました。先生が「ホント？」って聞くときは、ぜんぶホントですよね。これまでずっとそうでしたもん。

フフフ……先入観じゃないかどうか、確認してみようか。

↓ 答えは次のページに ↓

A ＞ ウソ！ 力を加えない限り 風船は水に沈まない

ウソ!?

ウソです。

先生、ウソついたんですか。先生なのに……。

Qは先生からの質問とは限らないよね。第三者かもしれない。「先生からの質問だと思ったこと」それ自体が先入観だ。

めっちゃくやしいんですけど……。

くやしさをバネにがんばろう！ さてさて、さっきの復習になるけど、そもそも「水に沈む」っていうのはどういう状態だっけ？

「**水よりも密度が大きい**」ってことですよね。

そうだね！ 水の密度って、普通は997kg/m^{3}程度なんだけど、空気の密度はだいたい1.293kg/m^{3}くらいなんだ。

空気のほうが小さい密度……ってことは、空気は水に沈まない。

そうそう。もちろんこの空気には、酸素も窒素も二酸化炭素も含まれていて、他にもさまざまな気体が含まれている。

それなら、密度の大きい気体だけ風船に入れたら沈みませんか？

いい視点だね！ 重い気体……たとえば**ラドン**って呼ばれている元素は空気より重いんだけど、それでもせいぜい9.73kg/m³なんだよね。だから、**仮に重い気体で風船が作ることができたとしても、水に沈むことはない**といえる。結果、冒頭の質問に対する答えは「ウソ」となるわけだ。

ないのかあ……。

結論、水の中では普通、気体は浮くんだ。だから**置換法**って呼ばれる**水の中で気体を集める方法**があるよ。

水上置換法

水上置換法！ 授業で習った気がします！

これは気体の中でも、**水に溶けにくい気体を集める**ときに使う収集法だね！ 純度の高い気体を集められるよ。意外かもしれないけど、水の中で浮かない気体も存在するんだ。

えっ……？ さっきぜんぶ浮くって話していませんでした？ 沈む気体もあるんですか……？

いや、沈みはしないよ。ただ、水に溶けてしまう気体もあるんだ。

なるほど……。浮くか沈むかだけじゃないですもんね。

だから水に溶ける気体は、水上置換法では集められない。そういう場合、上方置換法と下方置換法を使うんだ。空気の中で浮く風船と沈む風船があるのはわかる？

はい。口で風船をふくらませたら地面に落ちますよね。でも、お店で買った風船は空に飛んでいきます。

そうだね。口で風船をふくらませると二酸化炭素なんかも風船の中に入るけど、お店の風船には**ヘリウム**が入ってる。**二酸化炭素は空気より密度が大きくて、ヘリウムは空気より密度が小さい**んだよね。だから、空気中で沈むか浮くか、分かれるわけだ。

なるほど……。

ってことで、**空気より密度が小さいと浮くから上の方で気体を集める**、それが**上方置換法**。逆に、**空気より密度が大きいと沈むから下の方で気体を集める**、それが**下方置換法**だね。

まとめ

水上置換法：水に溶けにくい気体の集め方
上方置換法：水に溶けやすく、空気より密度が小さい気体の集め方
下方置換法：水に溶けやすく、空気より密度が大きい気体の集め方

風船何個で家が浮かぶの？

夢なんです。風船で家を飛ばしたり、自分自身を飛ばしたり、先生を飛ばしたり……。

先生、飛ばないよ……？

↓ 答えは次のページに ↓

A ＞ 理論上、575万8158個の風船で家が飛ぶ

 ファンタジーな夢だね。

 夢をなくしたとき、人は死にますからね。

 すごく深い発言だね……！

 小さい頃に観た映画で、おじいさんが家に風船をたくさんつけて、空を飛んでいたんですよ。**ヘリウムを入れた風船は浮く**わけですから、それがたくさんあれば、家も浮かぶのかな……って。

 いい仮説の立て方だね。その意気だ！ ……実は先生は一度、その計算をしたことがある。

 ええ！ 詳しい計算を教えてください！

 風船の浮く力だけしか考えずに計算してみると、風船1つで5.21gの物を持ち上げられるんだよね。それで、家を30トンと仮定すると、風船が575万8158個で家を浮かせる力はあるってわかるよ。（詳しい計算は二次元コードの動画を見てね）

 壮大な数ですね……。

 そうだね。さらにいうと、仮にふくらませた状態の風船が1個100円だとすると……575万個の風船を買うにはいくらかかるか、わ

かるよね？　家を買えてしまうくらいの金額だ。

うわあ……夢のない金額ですね。

自分で風船をふくらませるとしても、575万個もふくらませるにはどれだけの時間がかかるか、想像しただけで恐ろしいね。さらにいうと、**気体を作るのも大変**だ。

え？　気体って作れるんですか？

もちろん！　科学なめんなよ〜。

なめてません……。

ごめんごめん。簡単なやつだと、中学校で習う4つの気体の生成方法があるね。**酸素**だったら、**二酸化マンガンに薄い過酸化水素水（オキシドール）を加える**と発生するし、**石灰石に薄い塩酸を加える**と**二酸化炭素**も発生する。

さらに、**マグネシウムやアルミニウム、鉄なんかに薄い塩酸を加える**と**水素**が発生して、**塩化アンモニウムと水酸化カルシウムを加熱する**と**アンモニア**が発生するんだ！

学校で習った気がします……。

そんな感じで発生させた気体を集めるのが、さっき紹介した置換法なんだ！

なるほど……！　話がつながってきました。

77

銅に希硝酸を加えると一酸化窒素が発生するとか、実はいろんな反応で気体は生まれるんだ。もちろん、自然界にある気体、つまり天然ガスってのもある。その天然ガスを分離して精製すれば、ヘリウムなんかも集められるよ。ちなみに、気体を持ち運ぶときは液体にしてから持ち運ぶ場合がほとんどだ！

なんでですか？ 液体にするの大変そうですけど……。

普通は液体のほうが密度は大きいからだね。まあ、いっぱい詰まっているから体積も小さくなって、場所をそんなに取らないから運びやすくなる……って思ったらいいね。

納得です。

運びやすさだけ考えたら、ほんとは固体にできるとベストなんだけど。固体にしない理由も、またの機会に教えるね！

まとめ

〈気体の発生方法〉

酸素：二酸化マンガンに薄い過酸化水素水（オキシドール）
二酸化炭素：石灰石に薄い塩酸
水素：マグネシウム、アルミニウム、鉄などに薄い塩酸
アンモニア：塩化アンモニウムと水酸化カルシウムを加熱

コーヒーに砂糖を溶かしすぎたときは、どうしたらいいの？

コーヒーはブラックが好きなのに……。いれ直すか、タイムマシンを作るかしかないですよね……？

タイムマシン作れなくない！？
化学の「とある」原理を知っていれば、砂糖は取り出せるよ。

↓ 答えは次のページに ↓

A コーヒーを冷やして砂糖を再結晶させる

甘くなりすぎちゃいました。ブラックが好きなのに……。

ブラックが好きだなんて、その年にしては珍しいね。苦くない？

推しアイドルがブラックコーヒー好きなんですよ。その影響で。

ブラックコーヒーの「苦さ」は「大人っぽさ」を演出できるから、ひょっとするとキャラ作りの一環かもしれないよ……。

うがった見方はやめてください！

ごめんごめん。本題に戻るね。そういうときは、**思いっきり冷やすと底のほうに砂糖が沈殿する**よ。

え！ そうなんですか！

まあ、ホットコーヒーがアイスコーヒーになっちゃうけどね。これは、**溶解度**の性質を使ってるんだ。

ようかいど……？ おばけですか？

妖怪じゃない。溶解！ **どれだけ溶けやすいかを表す指標**のことだよ。基本的に、**温かい水とかコーヒーのほうが砂糖は溶けやすい**……ってことはわかるよね？

そのイメージはありますね。お父さんがご飯作るのをたまに手伝うんですけど、冷たいスープにコンソメを入れても溶けないのに、コンロで温めたあとだとすぐに溶けますね。

そうそう！ ……ということは、逆に**冷たいと溶けにくい**ってこと。だから温かいときにたくさん溶かして「その温度での溶ける限界」近くまで溶けたときに冷やしちゃうと、温度が下がって溶ける限界が小さくなるんだよね。そうすると、砂糖は「この温度では溶けていられないから、また出てこないと！」となって、粒が出てくるんだ。これを**再結晶**って呼ぶよ。

再度、結晶になるから再結晶なんですね。……うーん、納得できたような気がしましたけど、考えてみたら、コーヒーの底に砂糖があっても取り出せなくないですか？

理科ってすごいんだよ。**液体と固体を分離させる方法**も、もちろんある。それが**ろ過**だ。

あ！ ろ過は知ってます！ コーヒーの粉をフィルターにかけて、お湯を上から注ぐのもろ過の一種ですよね？

そう！ コーヒーも液体だけ下に落として飲むもんね！ あれもろ過の一種だよ。もう一度、フィルターにかけたら完成だ！

なるほど……？ でもそれなら、はじめからコーヒーをいれ直したほうが楽じゃないですか？ どうせフィルターにかけるんですし。しかもフィルターにかけても、コーヒーは冷たいままですよね？ 私、温かいコーヒーが飲みたいんですけど。

……そうだね。

先生、説明のために無理やり私の失敗を利用しましたね？

うっ……。でもほら、作ったコーヒーをムダにするのももったいなくない？ 溶解度を利用すれば、SDGs的にもバッチリだよ！

……めんどくさいんで、コーヒーをいれ直します。

まとめ

溶解度：物質がある液体に溶ける限度の量
再結晶：固体が溶けている液体で、
　　　　　溶解度の差を利用して、
　　　　　再び結晶として取り出すこと
ろ過：液体と固体を分ける操作

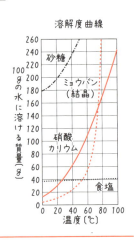

「エタノールは すぐ怒る」 ってホント?

理科の授業で先生が「エタノールは すぐ怒る」っていってたんですけど、 それ以外の内容ぜんぶ忘れちゃって。

りりかさんは、一度先生に 怒られたほうがいいね……。

↓ 答えは次のページに ↓

A ホント！エタノールは沸点が低い液体

「エタノールはすぐ怒る」か。**言い得て妙**だね。

「言い得て妙」ってどういう意味ですか？ わからないんですが……。

怒らないで……！ 言い得て妙っていうのは「まさにぴったりな表現」って意味だよ。

エタノールって**アルコールの一種**ですよね？ 意思なんてないですよね？ どういう意味ですか？

エタノールみたいな子だね……。怒りの沸点って聞いたことない？

あります。すぐ怒る人は「沸点が低い」っていわれますよね。

その沸点っていうのは、実は**液体が沸騰して気体になるときの温度のこと**をいうんだ。

それがなんで怒りと関係するんですか？

液体が沸騰する……水で考えると、水を入れたやかんを火にかけ続けたとき、やかんはどうなる？

ピーーーって音が鳴りますね。

そう。まるで水が怒ってるみたいに見えるから「怒りの沸点」って言葉を使うようになったんだと思うよ。

なるほど。

それで沸点っていうのは**物質によって温度が決まっている**んだ。**水なら沸点は100度**で、**エタノールなら78度**って感じでね。**水よりエタノールのほうが沸点は低いから、温めはじめると先に気体になる**ってこと。

ってことは、エタノールのほうが水よりもはやくピーーーっと鳴るってことですね！つまり、怒りの沸点が低く……怒りやすい！って感じですね。

そういうこと！学校の先生もわかりやすくたとえてくれたんだと思うよ。ちなみにエタノールと水の混合物があったとして、これをエタノールだけ、水だけって感じで分けたいときに沸点の違いを利用した分離の方法があるんだ。エタノールと水の混合物を加熱すると、先にエタノールが気体になるよね。だから最初に気体になったものを集めて、冷やすんだ。するとどうなると思う？

気体が液体になります！

そう。……ということは、**エタノールの気体は液体に変わって、もとの容器に残された水と、熱して集めたエタノールに分けることができる**ってことだね。この、**沸点の違いを利用して混合物を分離する方法**は蒸留(じょうりゅう)っていうんだ。

蒸留酒の蒸留と同じですか？

同じだ！ 熱することで純度の高い液体になるから、蒸留酒はアルコール度数が比較的高いんだよ。

なるほど！ 納得です。

超簡単に説明すると、ビールを蒸留するとウイスキーに、ワインを蒸留するとブランデーに、日本酒を蒸留すると焼酎になるよ。

お父さんに教えてあげようっと。

まとめ

沸点：液体が沸騰して気体に変化するときの温度
蒸留：液体を沸騰させて出てくる気体を冷やして、再び液体として取り出すこと（混合物の沸点の違いを利用）
液体と固体を分ける方法 → 再結晶、ろ過
液体と液体を分ける方法 → 蒸留

カイロが温かいのはなぜ？

カイロって、なんで袋から出すと温かくなるんでしょうか？

いい質問だ！
次のページで説明していくよ。

↓ 答えは次のページに ↓

A 鉄の発熱反応を利用しているから

 一言でいうと、カイロが温かいのは鉄のおかげだね。

 鉄？ カイロの中は、砂みたいな粉が入ってた気がします……。

 そう。砂みたいな鉄。**砂鉄**が入ってるんだよ。

 砂鉄って、砂場で磁石を使うと集められるやつですね！

 そうそう。ちなみに、磁石を近づけると磁気を帯びる物質をなんて呼ぶか、覚えてる？

 磁性体！ 66ページで習いましたよね。

 すばらしい！ 教えたかいがあるってもんだよ……。

 でもなんで鉄が温かくなるんですか？

 それはね、**鉄が酸化するから**なんだよね。

 酸化！ これは61ページで習ったやつですね。酸化ってたしか、燃えるとか、酸素と結びつくとかの話だった気がするんですけど……。

 そうそう。酸化は化学反応の一種だ。実は**反応するときに熱が発生する発熱反応**って呼ばれるものと、逆に**反応するときに熱を**

88

吸収する**吸熱反応**って呼ばれるものがあるんだ。

そうなんですね！

その発熱反応で、カイロは温かくなってるんだよ。さっきもいったけど、鉄が酸化するからカイロは温かくなるんだよね。酸化ってなんのことか覚えてる？

物質が酸素と化合すること！

そう！ じゃあもう1つ質問。カイロを温かくするために、袋から出したあとに何をする？

えっと……カイロを振りますね。シャカシャカと。

そうだよね。あれは実は理に適(かな)っているんだよ。たくさん振ることで、**中の砂鉄はたくさん空気と触れて酸化がより進む**……ってこと！ だから振ると温かくなるんだよ。

なるほど！ ちなみに吸熱反応は、実際にどんなものですか？

吸熱反応で有名なのは、**塩化アンモニウムと水酸化バリウムを混ぜてアンモニアが発生する**ものだね。アンモニアが発生するときにはその周囲の温度は下がるよ。ドラッグストアで「叩くと瞬間的に冷えるパック」が売ってるのを見たことない？

いわれてみれば、あるかも……。

あれって叩くとふくれるよね。なぜふくらむかというと、**気体が発生しているから**なんだ。商品によって何を反応させているかは違うけど、今回例にあげた吸熱反応ではアンモニアが発生するから、気体が発生しているってわかるよね。

たしかに！ じゃあ、あの叩いてふくれたパックを破くと臭いってことですか……？

アンモニアが発生している場合はそうかもね。試してみるといいかも。

さっそくここで試してみましょう。

ここでやらないで！

> **まとめ**
>
> **発熱反応**：化学変化が起こるとき熱を放出する反応
> **吸熱反応**：化学変化が起こるとき熱を吸収する反応

石けんで洗うと
きれいになるのは
なぜ？

石けんやシャンプーを使わずにお湯で洗うと、髪がベトベトのままなんですよね……。先生はベトベトしてそうだし、知らないかもしれませんが……。

先生ツヤツヤのモチモチだよ!?

↓ 答えは次のページに ↓

> **A** 石けんが汚れを取り囲み
> 分離させるから

石けんで身体を洗うときれいになりますし、お皿やコップだってきれいになりますよね。あれ、なぜなんでしょうか？

身近なことをテーマにした、いい質問だね。

ほめるのはいいから、早く教えてください。

せっかくほめてるのに……。

友達から聞いた話だったかな……？「石けんを使うと手がぬるぬるするのは、皮膚が溶けているから」っていってた気がします。実際のところ、どうなんでしょう？

それはね。実は違うんだ。考えてみてほしいんだけど、その理屈だと、溶けたお皿やコップはどうなると思う？

どんどん小さくなっていきますね……。

そう。人の皮膚は再生するとしても、お皿が小さくならないってことは、洗う対象そのものが溶けているわけじゃないってこと。

もったいぶらずに、何が溶けているのか教えてください！

もちろん！ 石けんは、水では落としにくい油分を含んだ汚れを取ってくれるんだけど、**油になじみやすい部分**と**水になじみやすい**

部分を持っているんだ。

それで、汚れがあれば、**石けん中の油になじむ部分が引っついて、汚れを取り囲む**んだ。それで、**石けん中の水になじみやすい部分が浮かび上がらせて、汚れを落とす**……って感じ。

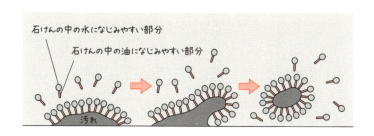

なるほど……。石けんの成分が汚れを取り囲んで、水分中に分離させるわけですね。

石けんは**弱アルカリ**っていって、超弱いアルカリ性なんだけど、**アルカリ性にはタンパク質を溶かす作用がある**から皮膚を溶かすと勘違いされているんだね。強アルカリ性になるとものが溶けることはあるけど、石けんくらいの強さでは溶けないよ。

そうなんですね！ ものを溶かすのは酸性だけだと思ってました。

酸性の液体が溶かすのは鉄などの金属だね。**アルカリ性の液体が溶かすのは、タンパク質**。だから、溶かす相手が違うんだね。

違いがよくわかった気がします。

ちなみに「コーラは歯や骨を溶かす」って聞いたことない？

聞いたことある気がします。あれってホントなんですか？

結論からいうと、**コーラを飲んだくらいじゃ歯や骨は溶けない**よ。

なんでそんなデマが広がってしまったんでしょう？

コーラは炭酸の一種で、炭酸飲料水って酸性でしょ？ **歯とか骨の成分のカルシウムとマグネシウムは金属の一種**だから、酸性に対して溶けるのは間違いないんだ。ただし、飲料水をずーーーっと口に含んでいない限り溶けないし、コーラくらいじゃ酸性が弱すぎるけどね。

中途半端に知識があると、だまされそうですね……。

だまされないように深く勉強しておくのが大切、ってわけだね！あと、仮に知らないことがあっても、信頼できる人に質問できれば大丈夫だよ。今みたいにね。

私が先生を信頼してる……ってことですか？

その質問はいらないよね!?

まとめ

酸性：金属を溶かす性質がある
アルカリ性：タンパク質などを溶かす性質がある

塩酸を捨てるとき水に流すのはダメ？

流したほうが楽だと思うんですけど……（塩酸の入った容器を手に持ちながら）。

どこで塩酸手に入れたの!?

↓ 答えは次のページに ↓

A ＞ ダメ！塩酸を捨てるなら中和処理をしてから

それで、その塩酸はどこで手に入れたの？

Amaz●nで買ってもらいました。

●が隠れているようで隠れてない……。ネットで簡単に買えたってことは、おそらく**希塩酸**（きえんさん）かな？

希塩酸？

薄めた塩酸を希塩酸っていうよ。だいたい10％以下のものが希塩酸って呼ばれるかな。

なるほど……。希塩酸じゃない普通の塩酸を、小学生の頃に理科の授業で使ったんですよね。

ふむふむ。

それで、実験で使った塩酸を下水道に流そうとしたら、めっちゃ怒られた記憶があるんです。記憶があるんだけど、理由を忘れちゃって。なんでダメなんでしたっけ？

ああ、それはまずいね。塩酸っていろいろなものを溶かすイメージがない？ それだけでもあぶない……ってわかるでしょ？ あと自然環境にも悪影響があるよね。

なるほど。じゃあ、どうやって処理すればいいんでしょうか?

塩酸のように**強い酸性、他にも強いアルカリ性のものを下水に流すとき**は**中和処理**をしてから流さないとダメなんだ。

中和処理?

中和っていうのは、**酸性の水溶液とアルカリ性の水溶液を混ぜてお互いの性質を打ち消す**現象のことだね。混ぜたあとにできる水溶液は**中性**の水溶液になっていて、**このときのpHは7**だね。

ちなみに、酸性のもとは水素イオンでアルカリ性のもとは水酸化物イオンなんだ。これが反応しあうから、中和は水ができる反応ともいえる。そして、中和で水以外にできるものは「塩(えん)」っていうんだ。これは「しお」ではなくて、「えん」だよ。

なるほど。……いまさらですが、**pH**ってなんでしたっけ?

pHはそのまま「ピーエイチ」って読んだり「ペーハー」って読まれたりするんだけど、**水素イオン濃度の略称**だね。こんな式で定義されたりするよ。

$$pH = -\log_{10}[H^+]$$

(logは数学で学ぶ内容だから、気になった人は二次元コードであきとんとんの動画を見てみてね)

pHの大きさで酸性・中性・アルカリ性がこんな感じで分けられるよ。

なるほど……。93ページで**石けんもアルカリ性**って習ったけど、石けん水を流すときは中和しなくてもいいんでしょうか？

いい着眼点だね。石けんはpHが9の弱アルカリ性くらいだから、中和処理はしなくても問題ないとされているよ。石けん水となると、それよりさらに薄いだろうしね。ちなみに、**下水道に流していいのはpH5~9**っていわれてるよ。

> **まとめ**
>
> 中和：酸の水溶液とアルカリの水溶液が互いに性質を打ち消す反応。水素イオンと水酸化物イオンが結びついて水が生じ、水と別にできる物質を塩という。
>
> pH ：$-\log_{10}[H^+]$で表される値のこと。0～14の値をとり、0に近いほど強い酸性で、14に近いほど強いアルカリ性（塩基性）である。中間の7を中性という。

原子と元素って同じじゃないの？

同じものを指している気がするんですが……。

これは「わかったようでわからない」と毎年みんなから質問を受ける分野だね。詳しく説明していくよ！

↓ 答えは次のページに ↓

A 同じではない！原子は粒子で、元素は名前

これは、中高生が化学でもっともつまずくところの1つだね。

私もその一人ですね……。

結論からいうと、**原子**は**粒子**で、**元素**は**その原子1つひとつの名前**だよ！ スウェーデンの化学者が元素に記号を割り当てた、**元素記号**っていうのが使われてるね。

Hが**水素**とか、**He**が**ヘリウム**ってやつが元素記号ですよね。

そう！ よく知ってるね。水素もヘリウムも原子、つまりは粒なんだけど、**特徴が違うから、分類するのに名前が必要**だよね。だから、元素記号で分けてあげてる……って感じね！

なるほど！

種類に注目したのが、元素ってことだ。ちなみに、原子の基本構造は知ってる？

陽子……は聞いたことあります。

いいね！ 原子の中心には**陽子**と**中性子**があって、その周りに**電子**があるよ。この**陽子の数が変わると、原子の種類も変わる**んだ。

理解できてきた……気がします。

他には**原子番号**ってのもあるよね。あれは**陽子の数を表している**んだよ。たとえば水素だったら、陽子の数は何個かな？

水素は原子番号1番だから1ってことですね！ 四角形の中に正方形や長方形があるように、種類を詳しく見ているのが元素……ってことですね。

そう！ **インフルエンサーの中にあきとんとんがいる感じ**だね！

一気にわからなくなりました。

なんで!?

冗談です。

悪い冗談はよしてよ……。ちなみに**単体**って単語は聞いたことある？

学校で習った気がします。単体も水素とか酸素のことでしたよね？ ……あれ、だとすると**元素と単体の違い**って……？

いい質問！ 単体は物質そのもので存在する状態を表してるよ。元素は化合物中の一部になっている。つまり、**何かの構成要素になってたら元素**だと思ってね。たとえば「骨にはカルシウムが含まれている」、この文のカルシウムは単体と元素どっちかな？

カルシウムが骨の構成要素になっているから、元素ですね！

正解。じゃあ「人間は呼吸で酸素を取り入れている」、この文の酸素は単体と元素、どっちの意味で使われているかな？

 酸素をその物質そのものとして扱っているから単体！

 正解！ もうバッチリだね。

> **まとめ**
>
> **原子**：これ以上細かくできない粒子。陽子、中性子、電子からなる物質のこと。陽子の数＝原子番号。
>
> **元素**：原子1つひとつの名前。原子を陽子の数で分類し、陽子の数が同じ原子は同じ元素と考える。

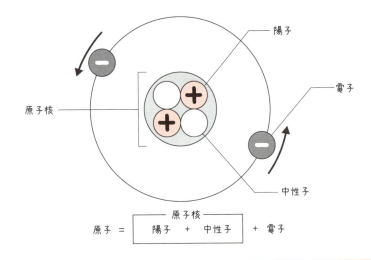

「炭素は友達が多い」ってホント？

先生が授業でそんなことをいっていた気がするんですが、意味わかりませんよね？

いや、これはすごく役に立つフレーズだと思うよ。今回も、詳しく解説していこうか。

↓ 答えは次のページに ↓

A > ホント！ 炭素は他のさまざまな原子とつながれるから！

炭素は友達が多いよ。……そう、あきとんとんみたいにね！

先生は友達が多いんですか？

お、多いよ！ 変な質問しないでよ。

「**エビデンス**」あります？

難しい言葉を知っているね……。**証拠**にほら、毎年受験生に向けて作っている応援動画があるんだけど、こんなにいろんな人が協力してくれてるよ。

ホントだ！

ようやく信じてくれた……。それじゃ本題に戻ろうか。「炭素は友達が多い」のがどういうことかというと、**炭素は結合の中心になる**ことが多くて、めっちゃ人気者なんだよね。

どういうことですか？

炭素を含む化合物を**有機化合物**っていうんだけど、炭素を中心にいろんな結びつき方をして、さまざまな物質になるんだ。

いろんな結びつき方？

そう。原子が結びつくには"手"が必要で、炭素には結合に使われる"手"が4本もあるんだ！ だから友達が多いともいえるよ。

 手が4本って……ちょっと怖くないですか？ 孔雀明王みたい……。

 厄除けの仏様のことだね……。"手"はあくまでたとえ話だから、本当に手があるわけじゃないよ。

 ちなみに"手"は、水素には1本、酸素には2本、窒素には3本あるよ。手をつなぐときに、1本の手でつなぐときは単結合、2本でつなぐと二重結合、3本でつなぐと三重結合って呼ぶよ。

手が1本	手が2本	手が3本
水素原子	酸素原子	窒素原子

 わかってきたような気はしますが、"手"の正体は何でしょう？

 原子同士を結びつける"手"の正体は電子だ。さらに詳しくいうと不対電子っていわれるものだ。気になる人は調べてみて。

 電子なんですね！

 ちなみに手のつなぎ方をちゃんと書いたものを構造式っていって、たとえば酢酸の構造式はこんな感じで書かれるよ。

$$\text{H}-\overset{\overset{\text{H}}{|}}{\underset{\underset{\text{H}}{|}}{\text{C}}}-\overset{}{\underset{\underset{\text{O}}{\|}}{\text{C}}}-\text{O}-\text{H}$$

 ……数学の **=** みたいな記号がありますね。

 手を2本使ってつないでいる二重結合だね。Cがいろんな原子と手をつないでいるのがわかるね。ちなみにこれを少し簡単にして、こんな感じに書くこともあるよ。

$$\text{CH}_3-\underset{\underset{\text{O}}{\|}}{\text{C}}-\text{OH}$$

 なんか「化学らしい化学」って感じがします。

 本当は図で描かれた**示性式**(しせいしき)の話もしたいんだけど、難しくなっちゃうから今日はここまでにしておこう。

> **まとめ**
> **有機化合物**：炭素を含む化合物
> **構造式**：原子同士の結びつき方まで表した式
> **示性式**：官能基という特別な性質を持った原子のまとまりを表した式
> **酢酸**：CH_3COOH

光の速さで走ると、人はどうなるの？

「ピカピカの実」を食べると、
光の速さで走れる……って聞きました。

『●NE PIECE』の話だね。
漫画やアニメじゃ昔から出てくる
「光」キャラクター、
実際に人にできるのかできないのか、
一緒に考えていこうか。

↓ 答えは次のページに ↓

107

A > 結論、死んじゃうよ！

そもそも、そんなのは不可能なわけだけど。

面白くない答えはやめてください。

そうだよね。それじゃ思考実験として、考えてみよう。光は**1秒間で地球を約7周半できる**くらい速くて、実に**秒速30万km**なんだよね。もちろん、今の世の中で一番速いのが光だ。

音よりも速い……って聞きました。

そうそう、よく知ってるね。**音がだいたい秒速340m**だから、**光は音の約100万倍の速さ**だよ。そして詳しい説明は省くけど、**質量を持つ物体が光速で移動するのは原理的に無理**なんだ。まあでも、仮に！ 人間が光速で移動できた場合のことを考えてみようか。

さすが！ それでこそあきとんとん！

まず第一に、**光は直進しかできない**。そんでもって、鏡とか水面・ガラスに対しては**反射**したり、**屈折**をしてその向きを変えることができるね。ただし、人が反射や屈折をするのは難しいから、今回は人間が光の速度で直進する状況を考えるよ。

速さだけ……ってことですね。

結論、死んじゃうよ。自分だけじゃなくて、周りの人も。**人間の体は光の速度には耐えられる仕様じゃない**し、それだけ速く動くと、**一歩動くだけで爆風が発生して周りのものはふっ飛ぶ**よ。

 おおお……。

 飛行機やスポーツカーを超える耐久性の素材があれば、身体を取り囲むことはできるかも。でも、中身が耐えられないだろうね。

 ……決して光速で走らないようにします。

 ちなみに、アインシュタインの相対性理論によると、**光の速度に近い速さで移動できたら、止まっているものより10倍も時間の進み方が遅くなる**っていわれているね。

 ……それは、**光速に近づくほど寿命がのびる**ってことですか!?

 そういうことになるね。**「ウラシマ効果」**なんて呼ばれていて、SFの題材になることもあるよ。

 夢のある話ですね。

まとめ

光の直進：光が真っすぐ進むこと
光の反射：光が物体の表面で跳ね返ること
光の屈折：光が異なった物質の境界をななめに進むときに、境界面で折れ曲がること

Q

「遠くからでも、花火大会の場所は計算できる」ってホント？

友達の前で、すぐに計算できたらカッコいいと思って、ぜひ計算方法を知りたいんです。

不純な動機な気もするけど、勉強のきっかけとしては悪くないかもね。

↓ 答えは次のページに ↓

A ホント！音の速さと聞こえた時間で計算できる！

理系の人なら必ず一度は計算したことある……といっても過言ではないね。

そうなんですか！ってことは、先生も計算したんですか？

もちろん！

……友達の前で？

そ、そうだね。

さっき「不純な動機」っていってたのに……。

……そういう時期もあったってことだね。本題に戻ろう。これはね、さっき教えた光の性質と、今から教える音の性質から計算で求められるよ。

計算で求める、理系っぽいですね。

花火ってさ、最初にきれいな花火が見えて、少し間をおいてから「ドーーン」って音が聞こえてこない？

いわれてみれば、そうですね。

なんでああなるかっていうと、**光と音の速度の違い**によるものなんだ。まず、**きれいな花火が見えるのは遠くから光が進んできて目に入るから**だ。そして**「ドーーン」って音が聞こえるのは遠くから耳に音が入ってくるから**だね。光の速度がどれくらいかは覚えてる？

1秒で地球7周半するくらい、でしたね。

そうだよね。ってことはさ、光が目に届くまでに1秒もかからないってことなんだよね。でも、音はそうじゃなくて、音の速さは空気中だと**秒速約340m**って、1つ前の項目で話したよね。

光は音の約100万倍の速さでしたっけ。

そう！　よく覚えていたね。だからたとえば、1700m離れているところで打ち上げ花火が上がると、音が自分のところまで届くのに、と計算できて、5秒かかるってわかる。

あっ……！　ってことは……？

もう気づいたみたいだね。街中にいて花火が見えたら、**見えてから音が鳴るまでの時間を数えると、花火大会の場所がだいたいどれくらい離れているのか**を求められるってことだ。

今後は街中で花火を見かけたら、1、2、3、……と数えはじめればいいってことですね？

そうそう。

でも、それだと**正確な秒数じゃない**気がします……。花火だと認識してから数えはじめるまでに、1秒くらいかかりませんか？

いい疑問の持ち方だね。でも**そこまで正確な数値を求める必要がないときに、だいたいの数値を出せること**が、社会で生きていくうえですごく大切なんだ。

なるほど。たしかに今回は厳密な数値は必要ないですもんね。

そう、アバウトに計算する必要があるのか、ミスなく計算する必要があるのか、その判断も大切にして。

ちなみにこれは**雷でも同じ計算ができる**！ 雷が光ってから大きい音がするまで時間の差があるよね。あの秒数を数えて340をかければ、だいたいどれくらい遠くに雷が落ちたか計算できるよ。

これから計算しまくります！

音速は気温によって変わることや、一般的に音は気体、液体、固体の順で速度が速くなることも知っていると、さらに精度が上がるかもね。

まとめ

音の速さ（音速）：
空気中だと秒速約340mで、一般的に、気体中より、液体・固体中のほうが速く伝わる
例）音は水の中では秒速約1500m、鉄の中だと秒速約6000m

「糸電話で音が聞こえる」のはなぜ？

ただの紙と糸なのに、なぜ聞こえるんでしょうか？

小中学校で習うはずだけど、忘れちゃったならここで復習しておこう！

↓ 答えは次のページに ↓

A 糸を振動させて音を伝えているから

 本当に、学校で習いました……？

 習ったはずだよ。**学習指導要領**にも「**音の性質**」は書かれているはず。

 シドウヨウリョウ……？ そんなの習いました？

 いやいや、そこは無視して！ とにかく、学校で習ったはずだよ。

 覚えが悪くて、たまに自分のことが嫌になります。

 気にしちゃダメ！ **興味を持ったときに取り組んで、楽しく学ぶこと**が勉強のコツだ。だから、りりかさんにとっては今が学ぶタイミングなんだよ。

 めっちゃいい先生ですね……。

 今さら気づいたの!?

 ……さて、糸電話は子どものとき作ったんじゃないかな？

 もちろん作りました。おじいちゃんが手伝ってくれて、楽しかったなあ。

いい思い出だね。糸電話はね、音の性質を覚えるのに最適なんだ。そもそも **音がなぜ聞こえるか** は知っているかな？

 耳があるから……でしょうか。

 もちろん人や動物に耳があるから聞こえてはいるんだけど、「聞こえる」には、耳の中にある **鼓膜を振動させる** 必要があるんだ。

 ってことは、音が鼓膜を振動させているんですか？

 ご明察！ 音が空気を振動させて、次に鼓膜を振動させて、聞こえているんだ。……ってことで、**音の正体は「振動」** なんだよ。

 なるほど。でも、それが糸電話とどう関係しているんですか？

 糸電話って、紙コップ2つの底を1本の糸でつなげるだけ、だよね。さっき、音が伝わるのは空気を振動させているから、って説明したけど、糸電話の場合は空気を振動させて音を伝えるのではなくて、**糸を振動させて音を伝えている** んだ。

 音の正体が振動だから、**揺らすものが変わった** ってことですね？

 そう！ ただし、糸がたるんでいたら振動しにくいから、音が伝わらない。だから、糸電話をするときは糸をピンと張る必要がある。

 確かにピンと張らないと聞こえませんね！

 子どもの頃に体験していると、理解が早いね。

音が振動であることがわかれば、**音の大きさや高さも説明できるんだ。音の振動の振れ幅**のことを**振幅**っていうんだけど、**振幅が大きかったら音も大きくなる**。そして、**1秒間にどれくらい振動するか**を**振動数**っていうんだけど、この**振動数が多いほど、音の高さは高くなる**よ。

今度、音を聞くときに意識してみます。

体験と知識が「糸のように」結びつけば、今度は忘れないよ。

……今の名言っぽい台詞も忘れずにいますね。

忘れていいから！

> **まとめ**
>
> **音の伝わり方**：空気を振動させて、耳にある鼓膜を振動させると音が聞こえる
> **振幅**：音の振動の振れ幅
> **振動数**：音源が1秒間に振動する回数

音の大小
同じ高さの大きい音と小さい音

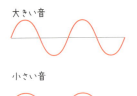

大きい音

小さい音

音の高低
同じ大きさの高い音と低い音

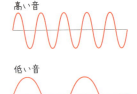

高い音

低い音

静電気に「静」の文字が使われているのはなぜ？

電気の前に、なぜ「静」の文字が使われているんでしょうか？ そもそも動電気って、あるんでしょうか……？

いい疑問！ 文字に着目して物事を考えるのは、理解するうえですごく有効だよ。わかりやすく解説していくね。

↓ 答えは次のページに ↓

119

A 静かにしてても電気が発生しているから

"動"電気は存在しないんですか？

面白い着眼点！

静電気って、冬にドアノブをさわって「バチッ」となったり、下じきを左右に動かして摩擦で作れると思うんですけど、なんで"静"電気なんですか？ 体感的には"動"電気です。動きがあるっていうか……。

たしかに、静電気を日常で感じる状況には、動きがあるね。でも"静電気"の"静"は、下じきとかを動かすからとか、そういう観点ではないんだ。

どういう観点なんでしょうか？

これは、**電気の流れ方**に注目しているんだ。静電気が発生する仕組みを説明すると、物と物をこすったときに**マイナスの電荷を持つ電子が一方に移動して、片方がプラス、片方がマイナス……って、バランスが悪い状態になる**んだ。電子が何かは覚えてる？

たしか100ページで習いました。原子のパーツでしたっけ？

そう！ 原子の中心にある**陽子**と**中性子**の周りにあって、**マイナスの電荷を帯びている**のが、**電子**。電荷は**「電気の量」のこと**だと理解してくれればオッケーだ。とにかく、物と物がこすら

れると、バランスが悪くなる。バランスが悪くなると、どうなると思う？

うーん……電子のことはよくわかりませんが、**バランスをよくしようとする**気がします。

すばらしい！ バランスが悪い状態でどこかに触れると、バランスをよくしようとして、電子が勝手に動くんだ。……ってことで、**電子が動くから電流が流れて、バチッてなる**。これが**静電気**。

……どこが静かなんでしょうか？

「流れることなく、静かにしているから静電気」って理解するといいかもね。

うーん、わかったような、わからないような……。

じゃあ、電気の流れ方に注目しよう。電気は勝手に、自然と流れるものだよね？

そうですね。誰も「電子動け！」なんて思ってないです。

そう！ 電子が勝手に動いて電気が流れている。つまり、静かにしてても電気が発生しているから、静電気……ってこと。

やっぱりわかったような、わからないような……。ごまかしてませんか？

厳密に説明するには難しいから、わかりやすく伝えてるんだよ。

もっと勉強して、難しいことも理解できるようにならないといけませんね……。ちなみに、動電気ってあるんですか？

 もちろんある！ **動電気は静電気の逆**だ。静かにしてても電気は流れず、無理やり電気を流すものを指す。具体例を挙げると、**乾電池は動電気**だ。**人間の力で電気を流してるから**ね。

> **まとめ**
>
> **静電気**：違う種類の物体をこすり合わせたときに生じる電気のこと

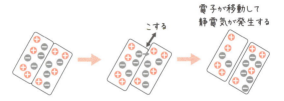

電車でジャンプをしたとき、同じところに着地するのはなぜ？

これ、なぜだか説明できるかな？

えっ……電車の中でジャンプしちゃダメじゃないですか？

↓ 答えは次のページに ↓

A 実際には、進行方向に移動しながら飛んでいるから

 電車でジャンプしたら、周りの迷惑だと思います。

 あ、それはそうなんだけど……あくまで思考実験だからさ。

 思考実験なら何してもいいんですか？

 ……先生をからかわないで!?

 失礼しました。楽しくて、つい。

 ……最後の一言は気になるけど、解説に入ろうか。まず前提として、**動いている電車の中でジャンプすると、自分は動いていないのに、動いている電車の同じ場所に着く**んだ。イメージできる？

 こんな感じでしょうか？

電車は動いているから、直感的には**空中にいた自分は電車内の後ろのほうに着きそう**ですよね。

だよね。でも、そうはならないんだ。大前提であり、一番重要なことなんだけど、**電車に乗って電車が動いているときは、自分も電車と同じスピードで動いている**んだ。

うーん、わかるような、わからないような……。でもたしかに、自分も動いていないと、目的地に着きませんよね。

そう！ だから、**走っている電車の中でジャンプすると、ただ上に跳んでいるだけじゃなくて、進行方向に移動しながら跳んでいる**んだ。だから、着地点も同じになる。これには**慣性の法則**と呼ばれる法則が影響しているよ。

なるほど……。**上にジャンプしているように見えて、斜め上にジャンプしている感じ**ですね。直感的にはそんな感じしませんが。

なぜこれが理解しづらいかというと、**ジャンプを観測する人が普通は電車の中にいるから**だよ。

どういうことですか？

電車の中にいる時点で、その人も電車と同じ速度で動いているから、横に動いているようには見えないんだ。でも、**もし電車の外でこのジャンプを見られたら横に飛んでるのもわかる**ね。あとは、

ジャンプしたときに電車が急停止したら壁とかに叩きつけられて、体感できるはず。**自分は斜め上にジャンプしてるのに床（電車）が止まるから**ね。

……あぶないんでやめておきます。

電車での慣性の法則は他にも体感できて、**電車が動き出すときは進行方向と逆に身体が倒れて、止まるときは進行方向に倒れる**ね。慣性の法則は、**ずっとそのままでいたい！……という状態**って覚えるとわかりやすいかもね。電車が動き出すときは進行方向に倒れるってことは、ずっとさっきの場所にいたい！……って感じで、止まるとき進行方向に倒れるのは、ずっとさっきまでの動きをしていたい！……って感じだね。

急発車したとき

急停車したとき

> **まとめ**
>
> **慣性**：物体がそれまでの運動を続けようとする性質
> **慣性の法則**：物体に外部から力が働いていないか、力がつりあっているとき、静止している物体は静止し続け、運動している物体はそのまま等速直線運動を続けること

「3時間働いても仕事をしていない」のはなぜ？

なぞなぞですか？
理科のことが知りたいんですけど……。

なぞなぞじゃないよ！
今回は中学で学ぶ理科における
「仕事」とは何かを学んでみようか。

↓ 答えは次のページに ↓

A > 物体に力を加えて、力の向きに動かしたものが「仕事」だから

 ちなみに「仕事とは何か」って聞かれたら、なんて答える?

 「お金をかせぐこと」でしょうか?

 社会においては間違いではないかもね。お金をかせげるかどうかは、仕事の結果であり、成果だけど。

 この間おじいちゃんの家の片づけを手伝ったら、おこづかいをもらえたんですけど、これは「仕事」に入りますか?

 荷物を持って、階段を上ったりした?

 荷物にはノータッチでしたね。

 なるほど。それだったら仕事はしていないかも!

 え……? どういうことですか? 私がした仕事、おじいちゃんからもらったお金、おじいちゃんとの思い出……そのすべてを否定するってことですか?

 違う、違う! サイエンスの話だよ! 理科の観点だと、仕事をしていないってこと。

 理科の観点……。定義が違う、ってことですか?

128

そう、理科で仕事っていうと、**物体に力を加えて、力の向きに動かしたときにはじめて「仕事をした」っていえる**んだ。つまり、**力を加えた向きと動かした向きが同じ**じゃないとダメ！ たとえば荷物を持つとき、力の向きはどっちかわかる？

荷物を落ちないようにするので、上向きですね！ ……ってことは、力が上向きだから、動かす方向も上じゃないと仕事をした！ とはならないんですか？

まさにそういうこと！ だから、理科では重い荷物を持っているだけでは仕事は0ってなるし、力の向きと同じじゃないほうに動かしても0なんだよ！

つまり、荷物を積み上げる動作とかは仕事っていえるんですね！

物体に力を加えて、その力の向きに動かすこと＝仕事

仕事の大きさ [J]（ジュール）＝力 [N] ×距離 [m]

力の向きは上で動かす方向も上だからそうだね！ ちなみに仕事は**加えた力×動かした距離**で求められるよ。

なるほど。理科の世界で仕事をするのは大変そうですね……。

ちなみに**仕事率**っていって、**1秒間にどれだけの仕事をするのか**って考え方もあるよ。

恐ろしい……。

まとめ

仕事：物体に力を加えて、その力の向きに動かすこと

仕事〔J〕
＝物体に加えた力の大きさ〔N〕×力の向きに動いた距離〔m〕

仕事率：1秒間あたりにする仕事

$$仕事率[W] = \frac{仕事[J]}{かかった時間[s]}$$

「電気を流すには ジャマ者が必要」ってホント？

電気の回路には抵抗を入れる……って聞いたんですけど、ジャマなものなんてないほうがよくないですか？

入れるからには理由があるんだよ。今回は電気のイメージもつかめるように、説明していくよ。

↓答えは次のページに↓

A　ホント！電圧の調整にはジャマ者（＝抵抗）が必要！

ジャマになるものをわざわざ入れる意味がわからないんですよね。必要なものだけを集めたほうが、効率はよくなりませんか？

気持ちはわかるけど、世の中必ずしも「必要なものだけ」を集めたほうが効率的になるとは限らないよ。特に、すごく長い目で見たときにね。

なんか深い話ですね……。具体例、ありますか？

……。

ないんですね……。

「今のやりとりの価値」にいつか気づく日がくるかもしれないよ。本題に戻ろう。

あ、逃げた。

電気を流す**回路**を作るときには、たいていの場合は**抵抗器**っていう、**電気を流れにくくするもの**を入れるんだ！ 抵抗器にもいろいろあって、**炭素の仲間やさまざまな金属が使われている**よ。

電気を流したいはずなのに、わざわざ流れにくくするのがよくわからないんですよね。なぜなんでしょうか？

答えはシンプルで、**回路の中の電気を調節するため**だね。もしくは**電圧**を調節するためって覚えたほうがいいかもしれないね。

電圧って聞いたことはあるんですけど、どんなものかイメージがつかみづらいんですよね。見えませんし。

電圧は**電気を押し出す力**と理解しておくとわかりやすいよ。だから、電圧が大きいとその分大きい電気が流れる！ ただ、**流れすぎると困る場合もあるから、抵抗で調節している**……って感じだね。

うーん、抵抗を入れる理由はわかりましたけど、わかりやすいたとえ話はありませんか？

よくたとえられるのは**水の流れ**だね。高いところに川があると、上から下に水は流れようとするよね。**その勢いが電圧のイメージ**。実際の川の流れが**電流**で、そこに石だったり砂利だったり、水車があったら流れにくくなるよね。その**石やら水車やらが抵抗のイメージ**。

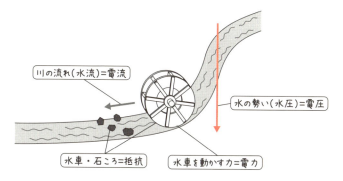

なるほど……！ わかってきたような気がします。

すばらしい理解力だ。それで、この**抵抗、電圧、電流の関係を表している**のが**オームの法則**。**電圧＝抵抗×電流**って式だね。アルファベットを使うと電圧はV、抵抗はR、電流はIを使って表すから、V＝RIだ。これを少し数学的に見て、Vをy、Iをx、Rをaと置いたら、式はどうなる？

y＝axになりますね。

そう！ **比例の式になる**ね。だから、オームの法則は比例の式なんだ！ どういう比例かというと、**電流Iは電圧Vに比例する**式だね。電圧が電気を押し出す力だと考えると、式の意味もわかるね。

ちなみに、川の流れで説明したときに水車があったと思うけど、この**水車を動かす力**が**電力**だね。**電力＝電圧×電流**で求められるよ。

たとえ話って、イメージをつかむのに役立ちますね。

なんか深い話だね！ 他にも具体例はあるかな？

……。

まとめ

　オームの法則：電流は電圧に比例するという法則。V＝RI
　　　　　　　　電圧V[V]、抵抗R[Ω]、電流I[A]
　電力：1秒あたりに消費される電気エネルギーの量。単位は[W]
　　　　電力＝電圧×電流

「N極だけの磁石」はこの世に存在しないってホント？

面白い疑問の持ち方だね。でも、仮にS極がない磁石があったとしたら、方角の「南」もなくなっちゃわない？

いわれてみれば……ってことは存在しないんですね。

↓ 答えは次のページに ↓

135

> **A** ホント！磁石は「より小さな磁石」の集まりだから、N極だけの磁石は存在しない！

N極だけS極だけの磁石はこの世には存在しないよ。研究している人はいるみたいだけど。

でも、**棒磁石**って**N極**と**S極**にそれぞれ色がついていて、きれいに2つに分かれているじゃないですか。あれ、真ん中で切ったらN極とS極に分かれませんか？

いい質問だね！ ただ残念ながら、棒磁石を真ん中で切っても、切った磁石はそれぞれまたN極とS極を持つんだ。

プラナリアみたいですね……（56ページ参照）。

いいたとえだね。磁石は小さな磁石が集まって構成されている**分子磁石**によってできているのが、その理由だ。

わかるような、わからないような……。

目に見える棒磁石は、実はものすごく小さな磁石の集まりだから、切っても切っても小さな磁石にしかならない……ってことだよ。

分子磁石もそれぞれN極とS極を持っているってことですね？

そう！ だから仮に色つきの棒磁石を切ったとしても、**Nって書かれているのに実際はS極も持っている磁石**が爆誕するだけ。

ま、まぎらわしい……。

ちなみに**磁石が鉄などを引きつける力**は**磁力**っていうんだけど、その磁力が働く空間をなんて呼ぶか知ってる？

磁……空間？ 略して磁間でしょうか。

自力で答えにたどりつこうとするその姿勢、すばらしいね。

……ってことは間違っているってことですよね。もったいぶらずに早く答えを教えてください！

答えは**磁界**だ。

次回？ 今回教えてくださいよ。

違う違う！ 磁力の「磁」に、世界の「界」で磁界！

あ、そういうことでしたか。納得。

当然、**磁界の向きが何によって決まるか**も知らないよね。

え、向きとかあるんですか？

ある！ 磁界の向きは**方位磁針**の**N極が指す向き**って決められているんだよ。それで、それはN極からS極に向かって矢印が描か

137

れるね。その**N極からS極に向けて書く線**を**磁力線**っていうよ。ちなみに、**磁力線の間隔が狭いと、そこの磁力は強い**んだ。

うーん、覚えきれない……。

電子レンジやリニアモーターカーも磁力が関係しているから、いつか興味を持ったら、そのとき詳しく学べばいいよ。「知りたくなったとき」が「勉強するとき」だからね。

名言出たーーーーー！

まとめ

磁力：磁石が鉄などを引きつける力
磁界：磁石が働く空間
磁界の向き：磁界において、方位磁針のN極が指す向き
磁力線：磁界の向きをつなぐ曲線で、密になるほど磁力は強い

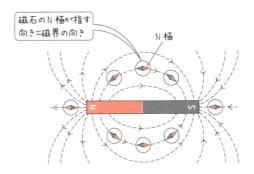

磁石から電気を作れるってホント？

もしホントなら、自宅で電気を作れば電気代を払わなくてよくなるかも……!?

「そんな未来はやってこない」ことを証明するために、悲しい現実の話をしようか……。

↓ 答えは次のページに ↓

A ホント！電磁誘導で電気を作れる！

どういうことですか？ **磁石発電**なんて聞いたことないですよ。ひょっとして先生、知識を独占しようとしていませんか？ 科学を学んだ人の特権で、自分たちだけこっそり発電しているのでは……？

陰謀論みたいなこといわないで！ そんなわけないでしょ！ 実はね、すでに磁石発電は広く行われているんだ。

でも、聞いたことありませんよ。

それは発電方法の名前に「磁石」って入っていないことが原因だよね。ちなみに、何発電なら知ってる？

火力発電、風力発電、原子力発電、水力発電……？

たくさん知っているね。それぜんぶ、磁石発電だよ！

え？ どういうことですか？

説明のために、まず1つ質問。「**コイル**」って聞いたことある？

進化するとレアコイルになるやつですよね。

それはポ●モンのコイルだね……。そうじゃなくて、科学の世界では**針金のようなひも状のものを、ぐるぐると巻いたもの**をコイルと呼ぶ。

なるほど……。

そして**コイルを用意して、そこに棒磁石を近づけたり、遠ざけたりすると電流が発生する**んだ。この現象を**電磁誘導**って呼んで、電磁誘導で生まれた電流を**誘導電流**っていうよ。

ちなみに誘導電流にも向きはあって、磁石を遠ざけたとき、近づけたときで変わるよ。もう少し詳しくいうと、N極を近づけるとき、遠ざけるとき、S極を近づけるとき、遠ざけるときに変わるね。

そうなんですね。

だから電気を作りたければ、**磁石がコイルに近づいたり遠ざかったりしたらいい**ってことだよね。つまり、**コイルの近くに磁石を置いて、磁石をぐるぐると回す**。すると、誘導電流が発生し、電気を取り出すことができるようになるんだ。

……ってことは、とにかく磁石を回転させたらいいんですね！

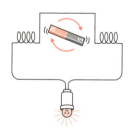

そう！ ……なんだけど、これを人間の手を使って回していても、たいして電気は生み出せないんだ。それこそ、防災用の懐中電灯くらいなら可能かもしれないけど。そこで、我々人類は自然の力

を使おうと考えた。それが、火だったり、水だったり風だったりするわけだ。ハンドルの代わりに羽根をつけ、石油や天然ガスで火をおこし、お湯を沸かしてできた蒸気の力で羽根を回すのが火力発電。高いところから水が落ちる力で羽根を回すのが水力発電。

風を使って羽根を回すのが風力発電、ってことですね？ 静岡で見かけたことがあります。

そうそう。風の強い沿岸部でよく見かけるよね。そして**ウラン**や**プルトニウム**が**核分裂**をするときにできる熱を利用してお湯を沸かし、原子力による蒸気で羽根を回すのが原子力発電ってこと。

すごい！ 発電の原理は同じで、羽根の回し方を変えているだけなんですね。思いついた人は天才ですね！

一人の力というよりは、先人たちの知識や知恵の積み重ねだね。

まとめ

電磁誘導：コイルの中の磁界が変化することで、電圧が生じて電流が流れる現象

誘導電流：電磁誘導によって流れる電流

誘導電流の大きさ：
- 棒磁石を速く動かすと大きい
- 棒磁石の磁力が強いほど大きい
- コイルの巻数が多いほど大きい

エンジンがなくても ジェットコースター が動くのはなぜ？

普通、飛行機も車もエンジンが あるから動きますよね？

いい質問だ。
空を飛んだり、水平方向に移動するのとは 別の理屈で動いているよ。

↓ 答えは次のページに ↓

A 力学的エネルギー保存の法則を利用しているから

テレビの科学番組で「ジェットコースターにはエンジンがついてない」って話していたんですけど、ホントですか？

ホントだよ。

でも「テレビはウソだらけ」って聞いたことがありますよ……。

いやいやいや、かたよった意見だね。テレビには多くの人が関わっているから、絶対とはいわないまでも、正しい情報も多いよ！

うーん……でも、どう考えても不思議なんですよね。エンジンがないのに、なんであんなに速く動けるんですか？

それは、**力学的エネルギー保存の法則**を利用しているからだね。

法則があるんですね。

うん。物体が持つエネルギーには、**運動している物体が持つ運動エネルギー**と、**高い位置にある物体が持つ位置エネルギー**などがあるんだけど、**その2つを足したもの**を**力学的エネルギー**っていうんだ。

なんかカッコいいですね。必殺技みたい。

その力、力学的エネルギー、つまり**運動エネルギーと位置エネルギーの和は一定に保たれる**んだ。

仮に、力学的エネルギーの和がこんな感じだとしよう。
力学的エネルギー＝運動エネルギー＋位置エネルギー
　　100　　　＝**50**　　　　　＋**50**

これが運動の速さが大きくなると、こうなる。
力学的エネルギー＝運動エネルギー＋位置エネルギー
　　100　　　＝**90**　　　　　＋**10**

なるほど……。**片方が増えると片方が減る**ってことですね。

そう！ それで**高さが高ければ高いほど位置エネルギーは大きい**んだけど、ジェットコースターって高い場所から動き出すよね。

いわれてみれば、エレベーターや階段で上まで上がりますね。

だから最初は位置エネルギーMAXなんだけど、落ちるにつれて**位置エネルギーは小さくなって、運動エネルギーが大きくなる**んだ。それでスピードが速くなっていく。図にするとこんな感じかな。

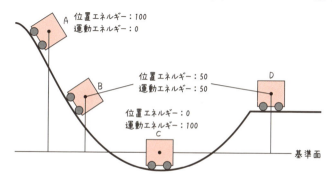

なるほど。位置エネルギーを上手に使って、運動エネルギーを増やして加速しているんですね。理論もわかったところですし、今度一緒にジェットコースターに乗って力学的エネルギーを感じませんか？

あきとんとん、絶叫系は苦手だから理論だけでいいかな……。

> **まとめ**
>
> **運動エネルギー**：運動している物体が持つエネルギー。物体の速さが大きいほど大きく、物体の質量が大きいほど大きい。
> **位置エネルギー**：高い位置にある物体が持つエネルギー。物体の位置が高いほど大きく、物体の質量が大きいほど大きい。
> **力学的エネルギー**：位置エネルギーと運動エネルギーの和。

「気になるあの人とも実はひかれ合っている」ってホント？

私、推してるお笑い芸人さんがいるんです。川北さん、っていうんですけど。あの人と私もひかれ合っているんでしょうか？ もしそうなら、さっそくお家を突き止めて会いに行きます！

「ひかれ合っている」のは確かだけど、それだと「ドン引かれちゃう」かもね……。

↓ 答えは次のページに ↓

A ホント！ただし！愛や恋とは限らない……

ドン引かれちゃうよ……。

実際に会ってみるまでわからないじゃないですか！

家を突き止めてる時点で怖いし迷惑だから！

うう……。

本題に入っていこう。科学的には、**すべてのものが引かれ合っている**といっても過言ではないよ。

じゃあ、やっぱり私と川北さんも引かれ合っているってことですよね？

うん。でも残念ながら、僕とりりかさんも引かれ合っている、ともいえる。さらにいうと、**この本と読者のみんなも引かれ合っている**んだ。

ええっ……ってことは、生き物だけじゃなくて、いろんな物とも引かれ合っているってことですか。

そう！ **この世のすべての物**、つまり**万物**だね。**万物はすべて引かれ合っている**んだ。これを**万有引力**っていうよ。

万物！ 万有引力！ カッコいいですね。

たしかに、固有結界とかと同じ雰囲気だよね。

それはよくわかりませんが。

あらそう……。ちなみに、イギリスの科学者である**アイザック・ニュートン**はリンゴが落ちるのを見て「**重力**」を発見したと思っている人もいるみたいだけど、正確には、落ちるリンゴから万有引力のヒントを得たらしいんだ。「**リンゴが地球に引っ張られた！**」って感じだね。

さらに詳しく解説すると、**大きいもののほうが強い引力を持っている**よ。それでいて、地球はすっごく大きいよね。……ってことで、大きな地球が僕とか、りりかさんとか、リンゴとか、いろんなものを大きな力で引っ張るんだ。

理解できた気はするんですが、重力とは何が違うんですか？

いい質問だね。重力は**地球の遠心力と万有引力の差のこと**だね。地球は自分で回転をする**自転**をしているから、それによって、**外に飛ぶ力**の**遠心力**が働くんだけど、それよりも強い万有引力によって引っ張るから、結果的に遠心力は感じなくてみんなを引く力しか感じないんだね！ この差が重力。

遠心力って**バケツを振り回したときに水が落ちない**やつですね！

そう！ あれも回転している中心の外に水が動くから落ちないんだ。

なるほど……。ちなみに大きいほうが万有引力は強いって教えてくれましたけど、人間の引力はどれくらいなんですか？

残念ながら、全然感覚がないくらい小さいね……。

 そうなると、やっぱり愛の力でがんばるしかないですね。

 応援してるよ。

万有引力：**すべてのものが引き合う力。**
重力：**地球の万有引力から遠心力を引いたもの。ただし、地球の万有引力が大きすぎて、重力＝万有引力としばしば考えられる。**

救急車が動くと音が変わるのはなぜ？

毎日聞いていて、近づいてきたときと遠ざかっていくときで、音が変わることに気づいたんですよ。

毎日……？

↓ 答えは次のページに ↓

A ドップラー効果によって音の波の感覚が変わるから

 毎日聞こえるか……？

 うち、近所に消防署があるんです。

 納得！ しかし疑問に思ったのはえらいね。その姿勢こそが、科学を学ぶ第一歩だ。

 照れますね……。しかしあれ、いつ聞いても不思議なんです。

 きちんと名前がついた、**ドップラー効果**と呼ばれる現象だね。

 ドッペルゲンガー……？

 ドップラー効果ね。**音の正体は振動**であることは117ページで教えたとおりなんだけど、**空気の振動が波として耳に伝わる**んだよね。そして**救急車が止まっているときは、サイレンの音の波は一定の間隔で耳に入るから、音は変化しない**んだ。でも、救急車が近づいてくるとき、サイレンの音の波の間隔はどうなると思う？

救急車が近づいてくるとき

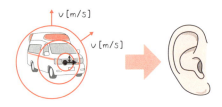

止まっているときより速くなりますね。

 そうだね。**間隔が短くなる**ね。逆に遠ざかっていくと、サイレンの音の波の間隔は長くなるんだね。

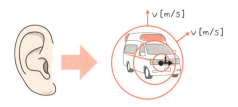

この音の間隔は**波長**と呼ばれるんだけど、**近づいてきたときは間隔が短くなるから波長は短くなって、遠ざかっていくときは間隔が広がるから波長は長くなる**んだ。それで、**波長が短いと高い音、長いと低い音**に聞こえて、近づいてきたときと遠ざかっていくときで音の高さが変わるんだね。

> **まとめ**
> **ドップラー効果**：音源や観測者が移動することによって、音の高さが変わる現象

「正義は必ず勝つ」ってホント？

先生の立場上、ウソとはいいづらいね。
人の道に背いていないこと、
正しいことを正義と呼ぶのなら、
必ず勝ってほしいとは思うよ。

ウソですよね？

↓答えは次のページに↓

A 答えはわからない！でも、火山の特徴を暗記するのには使える！

「正義は必ず勝つ」といいたいところだけど、世の中を見ていると「勝ったほうが正義」の場合も多いのが実情だね。

……そうなんですか？

日本でも、明治維新のときには**「勝てば官軍、負ければ賊軍」**って言葉が生まれたくらいだ。悲しいけど、否定できない部分もある。それでも、個人としては常に人道的なことをしたいと思う。

先生のそういうところ、尊敬してます。

なんか照れるね……。

照れるのはいいから、説明お願いします。

ちょっとは照れさせてよ……。本題に入ろうか。「正義は必ず勝つ」の台詞で、**火山の特徴を暗記しやすくなる**よ。

火山の特徴……？

火山はわかるよね？

富士山とか、阿蘇山は火山ですよね。

そう。火山は**マグマが地表に噴き出してできた山のこと**なんだけど、山の特徴は**マグマのねばりけ**で決まるんだ。マグマの**ねばりけが強いと白っぽい色**になって、**ねばりけが弱いと黒っぽい色**になる。

……どっちがどっちかわからなくなりそうですね。

そう、そこで暗記の仕方が重要になってくる。話を戻すと、正義って何色のイメージ？

……白色ですね。

いいね。正義の逆、悪は？

黒！

そう。それで、正義は必ず勝つ！ つまり、正義は強いってことだよね。ここからうまく「白」を連想できると、**ねばりけが強いと白い火山**、**弱いと黒い火山**って覚えられるわけだ。

えええええ……何それ！ 無理やりじゃないですか？

でも、覚えられる。

たしかに、相撲でも勝つと白星がつくって表現使いますしね。

そうだね。他にも火山の特徴に、噴火の激しさや火山の形があるんだけど、ねばりけが強いとねばねばしてて、なかなか噴火できないから、溜め込むんだよね。だから、噴火するときは勢いが必

要で、**ねばりけが強いと噴火は激しくなって、ぎりぎりまで噴火できないからドーム状になる**んだ。**ねばりけが弱いのはそれの逆**だね。

 へえ。ねばりけが形にも影響するんですね。

 何かを覚えるときに、知ってることとうまく結びつけて連想できるようにすることは、本当に大切な勉強のコツだよ。

 たしかに、試験じゃ覚えてないと点もとれませんね。

 それだけじゃなくて、大人になってからも覚えていると、視点が増えて人生が豊かになるよ。

火山：マグマが地表に噴き出してできた山

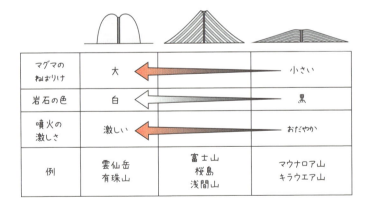

「岩も育つ」ってホント？

またしてもウソですよね？

疑わないで！
今回もすごく役に立つたとえ話だよ。
きちんと読んで理解してね。

↓ 答えは次のページに ↓

A > ホント！（正確には「岩に育つ」だけど）

「も」と「に」じゃ違うじゃないですか！

うっ……。

「も」も「に」も助詞の仲間ですけど、それぞれ副助詞か格助詞かで（以下略）

助詞に詳しくない⁉

「女子ですから」っていわせたいんですか？

違うよ⁉

本題に入りましょうか。

それ、僕の台詞だから！

さて、本題に入ろう。僕が伝えたかったのは「**岩は岩として生まれてきたわけじゃなく、さまざまな段階を踏んであの形にまで変化した（育った）**」ってことなんだ。

……聞きましょう。どういうことですか？

なんかえらそうだね……。**岩が何からできているか**は知っているかな？

そういえば知りませんね。

岩にもいろいろあるけど、主要な大本の1つが**マグマ**だ。

火山の地下にあるやつでしたっけ？

そう！　その**マグマが冷えて固まった岩**を**火成岩**(かせいがん)と呼ぶよ。そして火成岩には、大きく分けて**深成岩**(しんせいがん)と**火山岩**(かざんがん)の2種類がある。その2つは岩になるまでの過程、いわば**育ちからが違う**んだ。

どう違うんですか？

ゆっくーーーーりと固まったのが深成岩で、**急に冷えて固まったのが火山岩**だ。火山活動でマグマが地表近くにまで移動してくると、地表はマグマがあったところよりももちろん温度が低いから、マグマにとっては「さむっ！」って感じちゃうんだよね。こうやってできたのが火山岩だ。火山の活動のせいでできる岩、火山岩。地下深くでゆっくり成長する岩が深成岩。漢字のとおりだね。

なんかマグマも生きてるみたいですね……。

擬人化して考えると、親しみがわいてこない？

わいてくるかもしれません。

愛着を持つのも、勉強を続ける助けになるよ。

なるほど……！

161

学校のテストで出題されるのは、こいつらの作りだね。顕微鏡で深成岩と火山岩を見ると、図のように**深成岩のほうは1つひとつの部分が大きい**のがわかるね。これはゆっくり成長しているからなんだよね。

逆に**火山岩は大きい部分と小さい部分がある**よね。これは急に冷やされて固まったからだね。ちなみにそれぞれ、**等粒状組織**、**斑状組織**っていう名前があるよ。

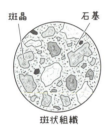
斑状組織

等粒状組織

> **まとめ**
> **火成岩**：マグマが冷え固まってできた岩石。
> **火山岩**：マグマが地表や地表付近で急に冷え固まってできた火成岩。作り：**斑状組織**
> **深成岩**：マグマが地下深くでゆっくり冷え固まってできた火成岩。作り：**等粒状組織**

人が雲に乗れない のはなぜ？

『西●記』とか『ド●ゴンボール』を観たせいか、乗れそうな気がしちゃうんですよ……。

雲のでき方を理解すれば「乗れるはずない」ってわかるはず！さあ、今回も勉強していこうか。

↓ 答えは次のページに ↓

A 雲は水蒸気や水滴、氷でできているから！

雲、乗れないんですね……。

乗ってみたかった？

はい……。空から「鳥の目」で街を見渡せば、私の推し、川北さんの家も見つけられるかと思って。

絶対に乗せちゃいけない人だ……。ちなみに、**雲が何からできているか**は知ってる？

うーん……なんだろう。白っぽい色はしてますけど、灰色っぽい雲もありますよね……。

雲が多いのはどんな日？

雨の日ですね。……ってことは水？

ご明察！

水がどうやって雲になるんですか？

太陽の光で地面が温められると、海や川の水は**蒸発**して、**水蒸気**になるね。そのとき、**陸も陸の上の空気も温められる**んだ。

ふむふむ……。

それで、空気は**温度が上がると軽くなって上昇する**性質があるんだけど、温められたことで**上昇気流**を生むんだね。だから、**水蒸気を含む空気が上昇する**んだ。

次に、上昇すると**上空は気圧が低いから空気は膨張する**んだね。それで**膨張したら空気はエネルギーを使って温度が下がる**んだ。温度が下がっていくと**露点**に達して、水滴ができ始める。もっともっと上昇すると温度が0度以下になって、氷の結晶ができる。……ってことで**雲は水蒸気や水滴、氷でできているから乗れない**んだ。

雲に触ってもビショビショになるだけってことですね……。残念。

まとめ

雲のでき方：

- 氷の粒
- 雲
- 水滴
- 上昇するにつれて温度が0度以下になる
- 露点に達する
- 水蒸気
- 上空は気圧が低いので、膨張する
- 空気のかたまり
- 上昇気流
- 海や川の水が蒸発し、陸や陸の空気も温められる

「川で修行すると優しくなる」ってホント?

「川で修行すると優しくなる」って、聞いたことない?

ありませんね……。

↓ 答えは次のページに ↓

A ホントかどうかはさておき、石や砂の特徴を覚えるのに役立つ！

なんの修行かもわかりませんし、意味わからないんですが……。

厳しいね……。もう少し僕に優しくしてほしいよ。

そんな私でも、川で修行すれば優しくなれるんですか？

いや、人が優しくなるわけじゃなくて、これは**川底にある石や砂の特徴を覚えるのに役立つフレーズ**なんだ。

……**火山のときの「正義は必ず勝つ」**みたいな？

そう！ それでは本題に入っていこうか。石には角があるものと丸いものがあるけど、どっちが「優しい」気がする？

それは、**丸いほう**ですね。

そうだよね。次の質問。バーベキューや川遊びのとき、川辺で石を見たことはない？

ありますね。

川辺の石って、どんな形をしてたか覚えてる？

丸い石ばかりだった気がします。

そうだよね！ あれは**石が川の流れによって、丸くなったから**なんだ。だから「(石は)川で修行すると優しく(丸く)なる」といえるわけだね。

なるほど……？

流水のはたらきなんて呼ばれることもあるね。石、泥や砂の性質は面白いんだよ。**石、砂、泥が川に流されたら、どれが一番遠くまで流れる**かな？

一番軽そうなのは……泥？

正解！ **石が最初でそのあとに砂、最後に泥**の順で川底に沈んでいくわけだね。重さの順であり、**粒子の大きさの順**だと覚えておこう。そもそも粒子の大きさによって、名前もこんなふうに変わるんだ。

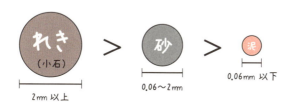

こいつらが積み重なるとできるのが、**地層**だね。岩石にはマグマが冷えてできるものがある一方で、長い年月をかけて、**砂や泥が積み重なってできる岩**もあるんだ。それを**堆積岩**っていうよ。それぞれ**れき岩、砂岩、泥岩**と呼ばれていて、**生物の遺骸が押し固められたもの**は**石灰岩**や**チャート**、**火山噴出物が押し固められたもの**は**凝灰岩**って呼ばれているよ。

押し固められる……ってどういうことですか？

おにぎりをにぎったり、泥団子をぎゅってすると固くなるよね？あれをイメージしたらいいよ！ あんな感じ。

なるほど！

> **まとめ**
>
> **地層のでき方**：土砂が水底などで堆積すると地層ができる
> **堆積岩**：堆積した土砂が長い年月をかけて押し固められたもの
> **れき岩**：れきが押し固められてできた堆積岩で、粒は丸みを帯びている
> **砂岩**：砂が押し固められてできた堆積岩で、粒は丸みを帯びている
> **泥岩**：泥が押し固められてできた堆積岩で、粒は丸みを帯びている
> **石灰岩**：生物の遺骸が押し固められてできた堆積岩で、塩酸をかけると二酸化炭素が発生する
> **チャート**：生物の遺骸が押し固められてできた堆積岩
> **凝灰岩**：火山噴出物が押し固められてできた堆積岩

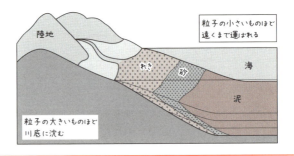

地球の自転が止まったら人はどうなる?

自転って……地球が自分で回っている運動のことですよね?

そう。その動きが止まったら、いったい何が起きるのか、シミュレーションしてみよう!

↓ 答えは次のページに ↓

A 人だけでなく、万物が滅亡する！

万・物・滅・亡……!?

そう。恐ろしいよね。まずは**自転**の知識から確認しようか。

自転って、**1日1回、地球が自分自身を中心に回っている運動**のことですよね。それくらいは知ってます。

じゃあ、自転はどこを中心に回転している？

うーん……縦？

縦か横かは、見る視点によるね。正確には**北極と南極を結ぶ地軸**を中心とした回転だ。では、**赤道**とは何か、わかるかな？

横……じゃなくて、**北極と南極からちょうど同じ距離にある線**ですよね。

正解！ すばらしい進歩だね。赤道は一周で**約4万km**あるんだけど、この知識と、これまでにこの本で学んだことを組み合わせると、自転が止まった場合のシミュレーションができるよ。

ええぇ……ホントですか？

ホントホント。ヒントは「電車でジャンプをしたとき」だ。

電車でジャンプしちゃダメって、話しましたよね。

違う違う！ そのときに学んだある法則を思い出してみて。

えっと……**慣性の法則**、でしたっけ？

そのとおり！ 慣性の法則は、**ずっとそのままでいたい！ ……という状態**だと説明したね。

それと今回の話にどんな関係があるんですか？

地球が自転をやめると、地球上の人にはどんな法則が働くかな？

ひょっとして、慣性の法則ですか？

そのとおり。赤道の長さは約4万kmだって説明したよね。ここから**地球が1時間に何kmの速さで自転しているか**がわかる。

4万kmを24時間で1周しているってことは、**40000÷24**をすればいいんでしょうか？

大正解！ 計算してみると、だいたい1700になる。つまり、**自転の速さは時速約1700km**ってこと。これが急に止まるわけだ。あとは慣性の法則を理解していればわかるよね。人はどうなる？

ふっ飛びますね……。

そうだね。電車に乗っているときとはくらべものにならないよ。時速1700kmで飛ばされることに身体が耐えられないだろうしね。

地学5

光の速さのところでそんな話、ありましたね……。

同じ現象が地球規模で起こるんだ。だから、<mark>地球にあるものはほとんどふっ飛ぶ</mark>と考えられるね。人だけじゃなく、家や木も。

滅亡！

さらにいうと、<mark>空気もふっ飛ぶ</mark>んだよね。映画やドラマで爆発が起きると、すごい勢いで風が吹くじゃない？ あれがさらに激しくなったものが、地球規模で吹き荒れるわけだ。

ホントに滅亡しますね……。

他にもね、<mark>自転のおかげで日本には四季がある</mark>んだよね。太陽に近いときは夏で、遠くなると冬って感じね。これもなくなって、地球は熱い世界と寒い世界の2つになるかもしれないね。

自転を絶対に止めないようにしないといけませんね。

僕らにできることもないけどね……。祈ることくらいかな。

> **まとめ**
> **自転**：地軸を中心として、1日に1回、地球が西から東に回転する動きのこと

毎日、月の見え方が変わるのはなぜ？

小さい頃はただなんとなく眺めていたんですけど、あるとき、形が変わっていて、規則性があることに気づいたんですよね。

それだけ成長したってことだね。観察力も、科学を学ぶうえですごく大切な力だよ。

↓ 答えは次のページに ↓

175

A　月の位置によって、月の照らされ方も変わるから

三日月とか満月がある理由だね。それは**そもそもなぜ月が見えるのか**を考えたら理解できるはずだよ。

それはもちろん、目があるからですよね。

音のときにも似たやりとりをした気がする……。

冗談です。すみません。

オッケーオッケー。本題に入っていくよ。その理由は、**月が太陽に照らされているから。太陽に照らされた部分が僕らに見えている**んだよ。月が真正面から太陽に照らされたら**満月**だし、月の半分にしか光が当たらなかったら**半月**……って感じかな。**月の位置によって、照らされ方が変わって見え方も変わる**わけだね。

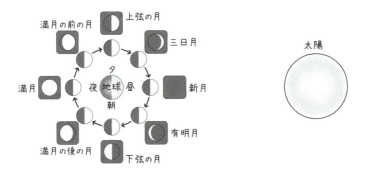

なるほど……。半月にも2種類あるんですね。

よく気づいてくれたね！ **右側が光っている**のが **上弦の月**、**左側が光っている**のは **下弦の月** と呼ばれていて、先生はこの2つが特に好きなんだ。

なぜでしょう？

名前がカッコいいから！

……なるほど？

……さておき、**日食**や**月食**って単語を聞いたことはないかな？

たまにニュースで聞きますね！

これは太陽と地球と月の位置関係が理由で、月が不思議な見え方をしたものだね。日食は太陽→月→地球の順に並んで、日が食べられる……つまり**太陽が食べられて見えなくなる状態**だね。

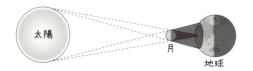

世界の終わり……って感じがしますね。

一方で月食は、太陽→地球→月の順に並んで、月が食べられる……つまりは**月が食べられて赤色になる現象**だね。

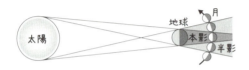

 食べたり食べられたり、大忙しですね。

 ちなみに太陽みたいに**みずから光を出すもの**を**光源**って呼ぶんだけど、**光を出している天体**は**恒星**っていうんだ。

> **まとめ**
>
> **日食**：太陽、月、地球の順に並び、月が太陽と地球の間に入って太陽が月にかくされる現象
> **月食**：太陽、地球、月の順に並び、月が地球の影に入る現象
> **恒星**：太陽のように、みずから光を出している天体

宇宙って どれくらい広いの？

味の素スタジアム何個分ですか？

東京ドームじゃなくて!?

↓ 答えは次のページに ↓

A 少なくとも138億光年以上の広さで今も広がり続けている！

実は味の素スタジアムのほうが、人がたくさん入るらしいですよ。

そ、それは知らなかった……。でも正直、味の素スタジアムだろうが東京ドームだろうが、答えはあまり変わらないだろうね。

なぜですか？

それはまず第一に、**宇宙が広すぎるから**だね。2つの差はほとんど無視してよいくらいの差になってしまうね。

想像もできませんね。どれくらい広いんですか？

宇宙は**少なくとも138億光年以上**の広さだといわれているよ。

こうねん……？

光年っていうのは、**光が1年間に進む距離**のことだよ。

光って**1秒で地球7周半**って習ったのに、それが1年間!?

そう。宇宙は広すぎるから、キロメートルのような地球上で普段使っている単位を使うと、けた数が大きくなりすぎちゃうよね。だから光年を使って広さを表すんだ。

想像もつきませんね。

具体的な話をすると、**1光年は約9兆5000億km**だ。宇宙の話もしておくと、僕らがいる地球は**太陽系**っていって、**太陽と太陽の周りにある天体の集まり**に分類されるんだ。いってしまえば、太陽をリーダーにしてるグループだね。太陽系の惑星について、聞いたことはない？

小さい頃に歌で覚えた気がします。「太陽系の惑星は**すいきんちかもくどってんかい**！」

そうだね。太陽に近い順で**水星、金星、地球、火星、木星、土星、天王星、海王星の8つ**だね。それの頭文字の歌だ。それで、太陽系は**銀河系**っていう天体の集団に属しているんだけど、これは**直径約10万光年**もあるよ。

宇宙の広さを聞いたあとだと、銀河系すら小さく見えますね……。

ちなみに銀河系の外は銀河っていって、いろんな恒星が観測されているよ。

壮大すぎてついていけませんね。

> **まとめ**
>
> **太陽系**：太陽と太陽の周りにあるさまざまな天体の集まり
> 　　　　　太陽に近い順で水星、金星、地球、火星、木星、土星、天王星、海王星
> **銀河系**：太陽系を含む恒星から成る天体の集団
> **銀河**：銀河系の外側にある恒星の集まり

「一年中ダイエットしている惑星」があるってホント？

うちの姉、定期的にダイエットしてるんですけど、すぐに太って「またリバウンドした」ってなげいてるんです。

ダイエットは太ってはやせての繰り返しだね。
今回は、それに似た動きをする惑星の話をしよう。

↓ 答えは次のページに ↓

> **A** ホント！金星は大きくなったり小さくなったりして見える

姉、そんなに太ってないのに、よくダイエットしてるんですよ。

うーん、世の中には美容の広告が多いし、テレビに出ているモデルやアイドルを見ると、自分が太って見えちゃうのかもね。

どうやってアドバイスしたらいいんでしょうね。

自分自身に思いやりを向ける**セルフコンパッション**と呼ばれる考え方が、長い目で見ると効果的って話もあるね。

調べてみます。

さて、今回のお題は**ダイエットしている惑星**の話だね。惑星の大きさは基本的に変わらないんだけど、**地球からの見かけの大きさが変わる惑星**があるよ。

月ですか？

そういえば、惑星の定義を説明していなかったね。惑星はざっくりいうと、**太陽の周りを回っている星**のことなんだ。月は太陽の周りを回っているかな？

地球の周りですね。

そのとおり！ だから月は惑星ではなく、普通は**衛星**と呼ぶね。

人工衛星……の衛星ですか？

　まさに。人間が人工的に作り出した衛星だから、人工衛星だ。日本だと、**気象衛星のひまわり**なんかが有名だね。

　月が衛星である以上、ダイエットしている惑星には当てはまりませんね。

　そうだね。さらにいうと、月は見かけの大きさは基本的には変わらないよね。見え方は変わるけど。

　たしかに……。

　見かけの大きさも変わるのは**金星**だ。

　夕方、西の空で光って見えてる星ですよね？

　まさに。あの金星をきちんと観測すると、こんな感じで見え方と大きさが変わるんだ。

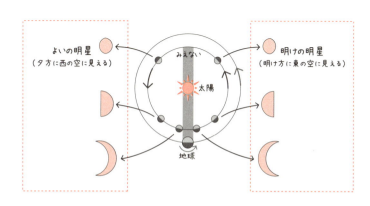

月の図に似てますね。

 月も金星も、太陽に照らされた部分が見えるという点では同じ仕組みだからね。

 同じ仕組みなのに、何が違うんでしょうか？

 いい質問！ **月との違いは位置関係**だね。月は地球の周りを回っていたけど、金星は太陽の周りを回っている。だから、**地球との距離によって見かけの大きさも変わる**んだね。

 なるほど！

 ちなみに、**明け方に東の空に見える金星**を**明けの明星**と呼んで、**夕方に西の空に見える金星**を**よいの明星**と呼ぶよ。

まとめ

明けの明星：明け方に東の空に見える金星のこと
よいの明星：夕方に西の空に見える金星のこと

「暑くなると体重が減る」ってホント？

ウソですよね？ 冬のほうが基礎代謝が上がって、やせやすくなるって聞きましたよ。姉から。

お姉さん、ダイエットに詳しいね……。今回は人の話じゃなくて、たとえ話だよ。

↓ 答えは次のページに ↓

A （たとえ話としては）ホント！ 温められた空気は 密度が小さくなる！

「暑いと汗をかいて体重が減る」のは勘違いで、冬のほうが人はやせるんです！ なぜなら冬は体内で熱を発生させて、体温を保つ必要があるからカロリー消費も多くて……。

待った！ それはそのとおりなんだけど、今回はたとえ話だから！

……なんのたとえ話ですか？

寒気や暖気のたとえ話だよ。まず1つ質問。あきとんとんはサウナが好きでよく行くんだけど、りりかさんはどう？

家族でスーパー銭湯に行ったとき、入ったことはあります。階段みたいになってて座りますよね。

そう！ あれ、実は**座るところで暑さが変わる**って知ってた？

え？ そうなんですか？ 熱い石やストーブの前が暑いのはわかりますけど……。

もちろん、熱源の近くは暑くなるよ。でもそれだけじゃなくて、高さも影響しているんだ。

どういうことですか？

空気は温められると、軽くなって上のほうに移動するよね。まあ、**温められると密度が小さくなる**って覚えるといいよ。

つまり、サウナでも熱い空気は上の段に移動してくるんですか？

そういうことだね。

今度から下のほうに座ります……。

暑いの嫌なんだね。この、**温められると密度が小さく**なって、**冷たくなると密度が大きくなる現象**は身近でも起こっているよ。

それが、寒気や暖気なんですか？

まさに。空気には**気団**と呼ばれる、**ほぼ同じ性質を持つ空気のかたまり**があるんだけど、暖かい気団と冷たい気団がぶつかると、**暖かい気団が冷たい気団の上へと移動していく**んだよね。なぜなら、暖かい空気のほうが軽いから。これで、**前線**と呼ばれるものができて、寒気が進むと、暖気は寒気の上に押しのけられる……これを**寒冷前線**というよ。逆に、暖気が進むと、寒気の上をゆっくり進む……これを**温暖前線**と呼ぶよ。

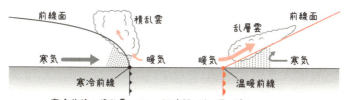

寒冷前線：積乱雲ができ、短時間に強い雨が降る
温暖前線：乱層雲ができ、広い範囲におだやかな雨が降る

天気予報で聞いたことある用語ですね。

そうだよね。**寒冷前線の場合**、暖気が急に上に押し上げられる形になるから、それによって、**縦長の雲ができて、短時間に強い雨が降る**んだよね。このときの雲を**積乱雲**っていうよ。
逆に**温暖前線の場合**は、ゆっくり上に移動するから、**乱層雲**っていって、**広い雲ができて、広い範囲におだやかな雨が降る**ね。

どっちにしても雨は降るんですね……。

さらにいうと、寒気が進むのが寒冷前線だから、通ったあとは気温が下がって、温暖前線が通ったあとは気温が上がるよ。

私は晴れの日が好きだなあ。

雨が降らないと、農作物は育たないし、人の肌はガサガサになるけどね……。

やっぱり雨の日も好き！

まとめ

気団：性質が一様な空気のかたまり。
寒冷前線：寒気が暖気の下にもぐりこみ、暖気を押し上げながら進む前線。短時間、せまい範囲に強い雨が降る。通過後は気温が下がる。
温暖前線：暖気が寒気の上をはい上がりながら進む前線。長時間、広い範囲におだやかな雨が降る。通過後は気温が上がる。

おわりに

『おとなサイエンス』どうでしたでしょうか？
どの疑問が気に入りましたか？

もしよかったら感想をSNSなどに書き込んでください。
　僕にDMするというよりは、レビューを書いたり、つぶやいたり、動画のコメントに残したりしてほしいです。そしたら他の人の参考にもなると思うので。

　これを読み終えたら、これから日常でいろんな疑問を見つけてください。そして、解決しまくってください。
　自己解決する能力を培うことが一番いいですが、あまりにも分からないときは「教えて！とんとん！」と僕に頼ってください。
　日常は科学でできているので、いろんなところにサイエンスがあると思います。

　また、これを機にいろんな人たちの疑問・質問に答える"おとな"になってください。

　僕はそんな"おとな"がたくさんいる世界が大好きです。
　本書を読んでそんな"おとな"が増えたら、僕は最高に嬉しいです。

"おとな"になったみなさんにまたどこかで会えますように。

あきとんとん

【著者紹介】

あきとんとん

◉──京都大学大学院修士課程修了。学部では電気電子工学を学び、大学院では流体力学を研究していた。

◉──理系科目を楽しく学びたいすべての人を応援したいと思っている。高校や大学で勉強に苦労していたため、「できない人も楽しく勉強できるよう、手助けをしたい」との想いが人一倍強い。

◉──実は英語も得意で、勉強の苦手な中高生や大人の学び直しのためにSNSで発信中。SNS総フォロワー数130万人超、YouTubeの総再生回数は7億回超。趣味は筋トレ。

おとなサイエンス

2025年5月7日　　第1刷発行

著　者──あきとんとん

発行者──齊藤　龍男

発行所──株式会社かんき出版

東京都千代田区麹町4-1-4 西脇ビル　〒102-0083

電話　営業部：03(3262)8011代　編集部：03(3262)8012代

FAX　03(3234)4421　　　　振替　00100-2-62304

https://kanki-pub.co.jp/

印刷所──ベクトル印刷株式会社

乱丁・落丁本はお取り替えいたします。購入した書店名を明記して、小社へお送りください。ただし、古書店で購入された場合は、お取り替えできません。
本書の一部・もしくは全部の無断転載・複製複写、デジタルデータ化、放送、データ配信などをすることは、法律で認められた場合を除いて、著作権の侵害となります。
ⓒakitonton 2025 Printed in JAPAN　ISBN978-4-7612-7803-8 C0040